未来叙事

明日环境史

〔美〕迈克尔·罗森（Michael Rawson）◎著

宋广蓉◎译

The Nature of Tomorrow:
A History of the Environmental Future

中国出版集团

中译出版社

图书在版编目（CIP）数据

未来叙事：明日环境史/（美）迈克尔·罗森著；
宋广蓉译.-- 北京：中译出版社，2023.1
书名原文：The Nature of Tomorrow: A History of
the Environmental Future
ISBN 978-7-5001-7190-4

Ⅰ.①未… Ⅱ.①迈… ②宋… Ⅲ.①人类–关系–
环境–研究 Ⅳ.① X24

中国版本图书馆 CIP 数据核字（2022）第 196062 号

著作权合同登记号：图字 01-2022-4357

未来叙事：明日环境史
WEILAI XUSHI: MINGRI HUANJINGSHI

出版发行 / 中译出版社
地　　址 / 北京市西城区新街口外大街 28 号普天德胜大厦主楼 4 层
电　　话 /（010）68005858，68358224（编辑部）
传　　真 /（010）68357870
邮　　编 / 100088
电子邮箱 / book@ctph.com.cn
网　　址 / http://www.ctph.com.cn
策划编辑 / 范　伟
责任编辑 / 张若琳
营销编辑 / 曾　顿　白雪圆　喻林芳
版权支持 / 马燕琦　王立萌　王少甫
封面设计 / 仙境设计
排　　版 / 潘　峰
印　　刷 / 北京中科印刷有限公司
经　　销 / 新华书店
规　　格 / 787 mm × 1092 mm　1/16
印　　张 / 18.5
字　　数 / 200 千字
版　　次 / 2023 年 1 月第 1 版
印　　次 / 2023 年 1 月第 1 次
ISBN 978-7-5001-7190-4　定价：88.00 元

给

我的孩子们

你的孩子们

以及他们的孩子们

只观过往者，思忆皆悲。

白皇后，刘易斯·卡罗尔（Lewis Carroll），
《爱丽丝镜中奇缘》（*Through the Looking-Glass*），1871

序　言

　　科幻小说作家威廉·吉布森[1] 所著的一部短篇小说，至今依然非常经典，也让我产生了一种奇妙的共鸣。故事讲述的是一位摄影师在编写 20 世纪 30 年代未来主义建筑图示史时所发生的事。书目的所有工作都进展得很顺利，直到这位摄影师发现，由于自己太过投入其中而被各种幻觉所困扰。比如，他能看到飞行汽车、巨型齐柏林飞艇[2]、伟大的装饰派艺术[3] 风格城市，以及其他闻所未闻的未来标志。这些人类潜意识中的"幽灵符号"，开始不断涌入这位摄影师的脑中。在最终得以摆脱这些符号之前，他已经被逼得半疯半狂了。

　　我在这样的资料中也摸爬了十几年。但是，我依然情不自禁

1　威廉·吉布森（William Gibson, 1948—　），美裔加拿大籍幻想小说家、散文家，被公认为赛博朋克（科幻小说的一个子类）的创始人（译注，以下无特殊说明，皆为译注）。

2　齐柏林飞艇（Zeppelin），以著名的德国飞船设计家齐柏林伯爵之名命名的硬式浮空飞艇，流线型艇体气囊充以密度比空气小的浮升气体（氢气或氦气），从而产生浮力升空。吊舱供人员乘坐和装载货物，尾部有起稳定控制作用的飞行推进装置。

3　装饰派艺术（Art deco），第一次世界大战前首次出现在法国的一种视觉艺术、建筑和设计风格。流行于 20 世纪 20 至 30 年代，多呈几何图形，线条清晰，色彩鲜明。

地把吉布森的故事当成一个警示寓言来读。因此，我想趁自己目前心态尚属冷静时，记录下关于这本书的写作过程和我一路走来的选择。

本书探讨了西方世界看待自然界的理念：人类对未来环境的展望。大部分历史学家都忽略了这一部分。我一开始研究的目的是关注生态乌托邦：一个想象中与自然和谐共处的社会，而且通常只出现于遥远的明天。当我发现这种未来展望是如此特殊，而非社会规则之时，我并不惊讶。令我惊讶的是我发现了一个社会规则：人类所期待的明日愿景是在基于有限的地球资源下，实现无限的增长，无论这种增长最终的结果是实现乌托邦，还是导致环境崩溃。关于增长的主题很快就成为我研究的核心，进而令我写书的初衷发生了改变。也许增长的主题和我的书更有关联性，也更具紧迫性。关于人类未来的故事，体现了大众的想法，也促进了人们对无限增长的期待。与此相反的是，建立一个真正的人与地球可持续发展关系，这种未来期待其实才更让人难以设想。

撰写本书的初期，选择研究对象的规模，是我面临的最大挑战之一。起初，我还是遵循所受学术训练的要求，计划将研究重点放在美国。但后来发现，我所寻找的未来环境理念，正在不断地跨越美国国界。著名的历史地理学家克拉伦斯·格拉肯[1]，曾经鼓励所有研究环境理念的人：无论研究会把你们带到哪里，都要

1　克拉伦斯·格拉肯（Clarence Glacken, 1909—1989），美国加利福尼亚大学伯克利分校地理学教授，因作品《罗迪安海岸的痕迹》（*Traces on the Rhodian Shore*）而闻名。该作品展示了对自然环境的理解如何影响了数千年来人类的各项活动。他被认为是环境史领域的重要贡献者。

跟着去，即便是进入对地形无比熟悉的地质学者所巡视的那些荒郊野地。他警告说那些不敢冒险出行的研究者，就只有喝"稀粥"的份儿了。因此，我把他的建议铭记于心，重新简单构思了一下，如何在全球范围内开展这个项目。然而，后来我发现这个构思确实有点儿太费劲了，即便是伟大的格拉肯也对此敬而远之。

我最终决定将研究范围定在西方世界。事实证明，西方世界与我研究所涉及的主题完美契合。西方世界的进步和增长过程推动了环境之梦。虽然，这种梦不是设想明日自然的唯一方式，但因传承已久且影响巨大，使我们认为对其进行研究是值得的。我还确信，为了了解当今社会对增长的执着源于何处，研究范围必须涵盖很长的历史时间段。因此，我还接受了一个额外的挑战：研究的内容将跨越几个世纪。

本书所关注的国家，对我所研究的环境理念是如何形成的，有着巨大的影响。其中，关系最紧密的国家是英国、法国以及较晚建立的美国。长期以来，美国一直走在前沿科技和未来发展前列。虽然读者也会读到丹麦经济学家、意大利未来主义者和德国科幻小说家的作品，但我并未试图做到尽收囊中。在对待人类进步与扩张的态度上，西方国家具有极显著的共性，就算各国在环境理念上有所不同，但无论我谈及哪个国家，我要讲的故事看起来都差不多。环境设想确实可以分成不同等级：有些是民族性的，比如德国就将其独特的理念赋予到森林景观的设计上，但其他国家的环境设想则是跨国家性的。

本书资料的来源兼收并蓄，当然我也必须这么做，因为西方人总是以各种不同的方式表达他们对未来环境的看法。我梳理了关于乌托邦和对未来科学、技术、环境所做的虚构和非虚构的预测性文献，以及视觉媒体，如广告和电影。因此，本书的读者可以接触到从 17 世纪托马索·坎帕内拉[1]的乌托邦作品《太阳城》(*The City of the Sun*)，到 19 世纪英国插画师的渲染图，再到 20 世纪美国兰德公司[2]的推测。这些资料随着时间的推移，不断交织影响，共同形成了一个以环境之梦为主，且牢不可破的传统理念。

书中所论及的部分资料是颇有影响力的，而有些资料则可能鲜为人知。但是，我在本书多处都坚决地给予两种资料相同的关注度。我的主要目标之一，是尽我所能地阐释"环境设想"这一概念。因此，有时候通过一部鲜为人知的作品来诠释，会比一本畅销书更能照亮人们目不能及之处。一些更晦涩的作品，也帮我强调了历史学家所说的偶然性事件，即历史事件可能以不同的方式展开，而未来也可能以不同的形式发展。所以，这些作品揭示了我们以前未曾走过的路，而且在某些情况下，也揭示了我们未来仍可探索的路。

由于我的关注点是预测人类会如何改造地球，所以那些预言文学在本书中涉及不多。只有当作品提到其他星球环境适宜，可取代地球成为另一个居住地时，我才会看那些探索人类在外太空

1　托马索·坎帕内拉（Tommaso Campanella, 1568—1639），意大利哲学家、神学家、占星学家和诗人。最有名的著作为《太阳城》，书中借航海家与招待所管理员的对话，描绘了一个完全废除私有制的社会，启发了后来空想社会主义的诸多理论与实践。

2　兰德公司（RAND Corporation），美国的一所智库。在其成立之初主要为美国军方提供调研和情报分析服务，其后组织逐步扩展，发展成为一个研究政治、军事、经济、科技、社会等领域的综合性思想库，并为其他政府和营利性团体提供服务。被誉为现代智囊的"大脑集中营"、美国政府第一智囊，以及世界智囊团的开创者和代言人。

未来发展的故事。此外，我们的自然历史上出现过始料未及的冰河时期，还有彗星撞地球等事件。只有当这些事件发生之后，人类与自然界开始相互影响时，我才将自然灾害的传说纳入本书。最后，我还探讨了在基督教影响下人们对明天的看法，因为它代表了由人类创造的未来世界，而不是由上帝设计建造的未来世界。

从我收集的资料中可以反映出不同阶级、性别和国籍的人对增长的态度具有很大的统一性。这一情况并不会令人惊讶，因为人类无限增长的愿景，是建立在消耗除人之外的自然资源之上。而这种愿景会产生一种假象，似乎只要不断增长，我们就能实现盆满钵满的希望。新土地、新矿场的开发，新工厂、新城市的建设，乃至新星球的开辟，以及节省劳动力的机器的广泛应用，这些现象长期给人一种暗示，每个人都能得到更多的机会和更多的财富。以前，我们很难驳斥这种逻辑，但是就算到现如今，这种想法也未曾改变。一般来说，只有非白人的民族才不会抱有这种富足观。直到 20 世纪末才有资料显示，非白人群体也开始分享增长的蛋糕了。

人们对增长致富的期望是普遍存在的，但这种期望不应该把提高社会富裕水平和如何实现富裕与分配社会红利之间的政治分歧相混淆。事实上，我们推动人口扩张与环境发展，又同时强调要控制自然，这些方式其实都是为了控制人。虽然此书不是写社会史，但我依然深深感到进步和增长的意识形态所产生的社会影响。这种意识形态使得某些政客下台、对他人的奴役，甚至经济剥削都似乎变得正当合理。直到今天，这种意识形态仍然被用来鼓励将世界上工业化程度较低的地区转变为发展的对象。

　　然而，这些都是我们熟悉的故事。我们不太熟悉的是，无限增长之梦是如何产生的，这种梦又是如何在当今世界大部分地区相互分享进而成为主流看法的。这就是我在本书中要讲的故事。

目 录

· 序 幕 ·

未来环境之梦

我们展示在孩子面前的，将成为他们未来的模样。因此，给孩子看什么至关重要。通常孩子都会自己实现当初的预言。梦想就是未来蓝图。

——卡尔·萨根[1]

《以梦为图》（*Dreams Are Maps*），1992

1995 年，一群环保人士应原住民阿丘阿尔人[2]的要求深入亚马孙。阿丘阿尔人的居住地大约覆盖 8 094 平方公里的雨林，横跨厄瓜多尔和秘鲁之间的边界。在阿丘阿尔文化中，梦境起着非常重要的作用。20 世纪 80 年代，阿丘阿尔人的长老和巫师看见了一些预兆，他们的土地和文化很快会受到严重威胁。这种危害其实是真实存在的：阿丘阿尔人知道，西方石油公司正不断侵占他们的

1　卡尔·萨根（Carl Sagan, 1934—1996），美国著名天文学家、天体物理学家、宇宙学家、科幻小说及科普作家，也是行星学会的成立者。

2　阿丘阿尔人（Achuar），南美洲亚马孙地区原住民。

土地，留下了疮痍满目的环境和异邦文化。但是，当环保人士到阿丘阿尔人居住地提供帮助时，他们对阿丘阿尔人的想法感到惊讶。阿丘阿尔人没有寻求环保人士的协助，而是要求环保人士回家去"改变现代世界的梦想"。

阿丘阿尔人说的现代世界，主要是指工业化的西方世界。现代世界的人又是否真的梦想着未来？答案是肯定的。事实上，西方人完全把自己沉浸在明日故事和图景中，导致他们会经常感觉未来和过去一样真实。科幻故事经常出现在电视节目、电影和印刷品中；新闻机构不断推送关于人工智能、太空探索和延长寿命的医疗措施程序等，如何进一步推测未来；广告激起大众对未来个人技术形式的兴奋感；智囊团也预测哪种新武器将赢得下一场战争。故事、图像和预测长期以来就像建筑的砖头一样，慢慢构成了一个更大的未来期待模式。这种未来愿景，又同时可以被一个社会群体、一整个文化体系，甚至是被全世界数十亿人所共享。

人们设想的明日世界，往往会注重那些卓越的科技成就。这些成就也成了未来的代名词。但是，对光洁的实验室和闪亮的机器所产生的憧憬，也经常让我们看不清事实的真相。这种真相与大多数对未来环境憧憬的寓言故事一致，都是关于科技将如何保证人类对自然环境拥有越来越大的控制权。20 世纪 60 年代，美国经典情景动画片《杰森一家》[1]，就提供了很好的例子。此后，该动画片在有人类居住的每一个大洲都播放过。虽然人们很少从环

---

1 《杰森一家》(The Jetsons)，杰森一家生活在 2062 年的科技乌托邦世界。到 30 世纪，因地球空气污染严重，大家的房子都迁到了天空中。其中有许多复杂古怪的机器、外星人、三维全息图以及光怪陆离的发明。

境角度来审视这部动画片，但该片本身就描绘了一个一草一木都被人造品所取代的未来。然而，动画片通过展示这令人震惊的未来，体现出环境主题在该剧中的核心地位。但是，不知为何，人们对此却察觉不到，反而更关注飞行汽车和机器人女仆。尽管从表面上看是这样，但大多数对明天充满无限想象的故事，乃至《杰森一家》，其内容很大程度上都是环境之梦。

本书探讨了过去几个世纪以来，人们对未来环境的设想。但是，我不是为了去了解人类未来的发展。相反，我感兴趣的是这些故事所体现的，西方一直想象并为之努力的未来环境，也就是阿丘阿尔人所说的"现代世界之梦"。西方的这种环境期待从何而来，又是如何随着时间的推移而演变的，那么这种期待最终会带着我们进入怎样的世界？如果真的如卡尔·萨根所说的，梦想可作为未来蓝图，那么现在似乎是时候重新审视一下那些人们最认同的未来蓝图了，只求能确保人类文明没有在前进中走错了路。

我阅读了几个世纪以来由科学家、作家、政府官员和其他人所编写的数百个故事和预言。每一个故事和预言本身就是一张小小的未来蓝图。随着时间的推移，我注意到故事里总有一个特殊的期待，而且若隐若现地出现在一个又一个资料中：无论环境变化的后果如何，人类都将无止境地扩张。这种扩张可能是创造的源泉，也可能是破坏的导火线。一切取决于故事怎么讲，但这种扩张终将变成一种改变环境的力量。简言之，在有限资源的星球上实现无限的增长，这种期待一直明确引导着西方长期的发展雄心。它已被大众认同，但是又自相矛盾。观察到这一点，使我进一步认识到一个令人不安的事实：正如大家所想，因为我们的发展导向发生了某种错误，所以人类尚未进入"人类世[1]"，即由人类主宰环境的时代。诚然，西方长期以来对扩张的期待，一直都是他们期望达到的终极目标。

鉴于人类扩张造成的严重环境问题已成事实，世界应当更深入了解人们如何给自己讲未来的故事，如何自主形成并维持无限增长这一期待，又是如何直至今日都不曾改变的。这些都是本书研究的对象。本书同时也是一部关于未来的历史，一项对环境之梦的研究。如历史学家威廉·克罗农[2]所说，本书其实也是由一个个自然界的小故事组合而成的庞大叙事故事。本书调查了很长的一段时间轴，从 15 世纪欧洲人首次发现世界大得超乎想象，一直调查到现如今的现状。在跨越几个世纪的阅读体验中，读者将读到一些耳熟能详的明日寓言，也有许多已被遗忘的故事。在环境危机日益加深的时代背景下，所有这些故事其实都是相互关联的。它们对人类历史产生了实质性的影响，阿丘阿尔人和他们的邻居就是显著的证明。这些故事也将继续塑造未来，因为它们推动前进之路的同时，也排除了其他不明智的发展之路。

1　人类世（Anthropocene），由诺贝尔奖得主、荷兰大气化学家保罗·克鲁岑（Paul Crutzen）于 2000 年提出。他认为人类活动对地球的影响足以成立一个新的地质时代。人类世是一个尚未被正式认可的地质概念，用以描述地球最晚最近的地质年代。人类世工作组则建议，将 1945 年 7 月 16 日人类首次进行原子弹测试的时间，定为人类世的开始。2019 年 5 月 21 日，国际地层委员会（ICS）旗下的人类世工作组通过以 20世纪中叶开始为人类世，但目前尚待 ICS 和国际地质科学联合会（IUGS）确认。
2　威廉·克罗农（William Cronon, 1954—　），环境史学家，美国威斯康星大学麦迪逊分校历史、地理和环境研究教授。于 2012 年担任美国历史协会（AHA）主席。

　　人类所共有的关于未来的故事，就出现在一个意想不到的地方：我们的往昔。更恰当地说，这些故事产生于社会记忆，或集体对过去事件的理解。记忆通常以叙事形式流传，进而鼓励人们对明日世界抱有某些期待。然后人们通过更多的叙事故事，来表达这些期待。事实上，过去和未来的故事之间，有重要的关联性，因为它们构成了人类发展这个庞大故事的两部分。就像任何故事都有开头和结尾一样，这两个部分之间相互影响又相互塑造。马克思预言了未来的工人革命，以及革命最终将产生共产主义的天堂。这种预言完全取决于他对历史所持有的特定看法，即生产方式是历史变革的主要推动力。同样，我们对历史发展还有另一种解释，人类将技术进步置于历史中心，其实是倾向于认为我们的未来会拥有更多技术奇迹。这就是为什么现代的未来主义者，总试图认真评估明天会是什么样子。因为他们喜欢以故事的形式提出对过去、现在和未来的设想，而且他们知道大部分历史和预言的内容，都是互为起源的。

　　从更基本的层面上看，昨天和明天的故事也互为关联，因为二者都是通过想象建构出未知世界。这些故事都是人类发明创造的行为，它们可以帮助我们了解人类在历史长河中的地位，也可以帮助我们了解人类曾经去过哪里，又将走向何方。记录历史并不新鲜：几千年来，人类社会一直在记录历史。我们致力于描绘昨天，就是为了塑造一个令人信服且有借鉴作用的历史。若没有对历史的记录，一个民族集体就如无根之萍，好像人患了失忆症一样。书写未来，至少书写世俗社会的未来，就是书写近期需要我们去推断的事件。一旦人们开始相信明天会与昨天有本质的不同，就需要编造故事来表达人们的期待。这些故事形成了人们现在的身份认同，就像大众产生的集体记忆一样明确，而人们也会以同样的热情去为这些故事辩护。

这些故事，都适用于西方无止境增长与扩张的梦想。当它们与西方文化中最核心的神话交融在一起时，更是获得了相当大的推动力——催人进步的理念。人类社会一直在朝着积极的方向发展，并将无限期地继续发展下去。这种发展的信念可以追溯到远古时代。人类的进步有多种体现形式：道德的、文化的、社会的、物质的、科学的。同时，这种进步的理念可以把昨天和明天的故事都联系起来。人类进步史学家约翰·巴格内尔·伯里[1]曾描述该理论是"对过去的总结和对未来的预言"。这一理论同时也涉及相当多的宗教内容，因为我们不能确定，这种被誉为"进步"的改变是否真的能将世界引向一个更好的地方？进步作为一种理念，其影响在 18 世纪开始与日俱增，而在 20 世纪末则逐步减弱。这段时期，增长是进步过程中的一个组成部分。但总体来说，对进步的追求，可能是整个西方历史上最有影响力的一种理念。

正因为进步的理念让人忽略了资源的极限，所以它可谓是人类无止境扩张的绝佳伙伴。比如，人们总说知识的积累或人类灵性的进化都是有限度的，这意味着改进的过程是有终点的。但是，终点的存在会削弱进步的理念。进步的理念告诉我们，人要做出积极的改变，必须坚定不移且持之以恒地朝着完美状态前进，人

1　约翰·巴格内尔·伯里（J. B. Bury, 1861—1927），盎格鲁－爱尔兰人，历史学家、古典学者、中世纪罗马历史学家和语言史学家。

是可以逐步接近这种状态的，但不可能实现这种状态。在环境方面，进步等同于不断增加丰富的物质资源，然后实现对地球的控制。要实现这一目标，就需要不断地扩张。从此，增长的信念以及拒绝承认环境存在极限，成为西方世界最伟大梦想的基础。最近，这一理念也成为西方致命噩梦的开始。

在构建无止境物质增长的愿景时，有两个相关的假说特别有影响力。第一，我们相信通过科技手段，可以确保自然资源一直富足。而且，无论有多少人居住在地球上，或无论人类的资源消耗有多大，都可以持续满足需求。第二，人类持有一种信念，当我们拥有足够先进的科技手段，就可以彻底控制自然界，并随心所欲地操纵自然。这两个假说都表明，人类有可能独立于自然界，且彻底成为大自然的主人。以至于"环境极限"一词，对我们来说实际上只是自相矛盾的托词罢了。

在过去的几个世纪里，不论我们接受还是拒绝这两个假说，都促使人类对未来环境形成了两种截然相反的观点。这两种观点因为太常见，而且被大众广泛接受，导致我都把它们当作共识。当然，其他对未来环境的观点，从古至今依然存在，但都没有较强的影响力和持久性能与这两种观点相媲美。尽管这两种观点随着时间的推移不断演变，而且变得越来越复杂，但大多数读者对它们的大致内容还是比较熟悉的。这两种观点所涉及未来世界的故事非常扣人心弦，故事之间又有本质的不同，所以它们之间实际上是一种在预测未来时的对抗关系。事实上，不同的故事在对历史进行分析时也是一种对抗关系。因为人在处于看似简单的立场上做出的假说，可能因其对历史和未来的认知不同，而产生不同的世界观认知。

第一个故事就包括上述假说，并预见了地球被完全开发的过程。该故事产生于欧洲启蒙运动时期，随着时间的推移，逐步演变成科幻作家金·斯坦利·罗宾逊[1]所描述的未来愿景："我们处在巨大的工业城市机器中，人好像是最后的有机体，在变质的、金属的和无比干净的人工世界中生活。"最广为人知的例子可能是《杰森一家》，它体现的是一个带喜剧叙事效果的乌托邦版本。一般来说，发展型叙事故事描绘了这样一个世界：大量的人居住在庞大的城市中（通常是圆顶或地下），将无农用价值的植物和动物赶尽杀绝，彻底开展海洋耕种，主要食用人工合成食物，掘地三千尺挖掘资源，控制地球气候以制造理想的天气，然后最终扩张到外太空。在一个没有环境极限且无边无际的宇宙中，通过傲人的技术给人类提供无限的物质富足，这的确是一个诱人的愿景。

发展型叙事与一种环境思维方式有着共同的未来愿景和假设。这种思维方式通常被称为丰饶主义[2]或普罗米修斯主义[3]，后者恰是

---

1 金·斯坦利·罗宾逊（Kim Stanley Robinson, 1952— ），美国科幻小说家，因作品《火星三部曲》（*Mars trilogy*）而闻名。他的作品已被翻译成 24 种语言。他的许多小说和故事都以生态、文化和政治为主题，并以科学家为英雄。他曾获得雨果奖最佳小说奖（Hugo Award for Best Novel）、星云奖最佳小说奖（Nebula Award for Best Novel）和世界幻想奖（World Fantasy Award）。罗宾逊的作品被称为"科幻写作的黄金标准"，他也被誉为最伟大的在世科幻作家。

2 丰饶主义（Cornucopianism），一种未来主义，相信人类的持续进步和物质的供应，可以通过类似的技术不断进步来满足。从根本上说，他们相信地球上有足够的物质和能量来满足世界上的人口。

3 普罗米修斯主义（Prometheanism），一个由政治理论家约翰·德雷泽克（John Dryzek）提出的术语，用来描述一种环境理念，认为地球是一种资源，其效用主要由人类的需求和利益决定，其环境问题可以通过人类的创新来解决。

以给人类带来火种的希腊神命名。普罗米修斯主义的观点认为，应该将自然界首先视为一组原材料，而且要相信人类的能力及其技术水平，能将这些材料转化为可用的形式，还要坚信人类的计划本该如此。长期以来，这一理念在西方政治机构和资本主义文化中占据了极具影响力的位置，在美国尤其如此。普罗米修斯主义者经常通过所谓的技术乌托邦主义来表达他们的未来愿景，他们会强调机器是通往人类美好未来的关键。普罗米修斯主义者也会拥有地球全面发展的梦想，但是也有例外。其实，他们内心也不知道为什么要这样做。

共识型叙事故事是建立在与上述相反的假说上的灾难故事：资源是有限的，自然界不能无休止地重塑或控制。简言之，人类仍然是自然界的一部分，并受制于自然法则。关于增长的故事，其结局则是令人恐惧的环境超载预言。环境超载通常包括人口过多、水资源匮乏、土壤枯竭、资源枯竭、海洋物产枯竭、海平面上升和气候变暖。随之而来的往往是战争、饥荒、疾病和社会崩溃。灾难型叙事故事在第一次世界大战后开始融合，并在第二次世界大战后随着环境运动的兴起而获得生机。人类不断地增长和扩张后地球会是什么样子？类似这样的问题，灾难型叙事表达的世界末日观点，则提出了完全不同的答案。

认同灾难型叙事的人，他们的理念往往与现代环保主义的一些思想流派有异曲同工之处。至少，他们都认为地球资源的极限是确实存在的。发展型叙事可以体现出普罗米修斯主义者所期待的未来。但灾难型叙事并没有和发展型叙事一样体现出环保主义者所期待的未来。更准确地说，灾难型叙事是一个环保主义者对未来环境的看法：如果普罗米修斯主义者所赞同的扩张程度真的实现了，那世界又将会是什么样子？环保主义者若用除增长愿景以外的其他愿景，以吸引公众对未来设想的注意力。这一途径基本上是不成功的，主要是因为社会记忆没有为其他未来愿景提供足够的支持条件，也因为发展型叙事有效地将其他任何生活方式都描绘成落后过时的。环保主义者的这种失败，其代价是巨大的。

虽然像"普罗米修斯主义"者和"环保主义"者这样的术语挺有用，但是把不同的环境态度当成对抗关系的故事所体现的理念，而不是当成对立的社会群体，其实是有好处的。学者和媒体评论员却倾向于后者。因此，他们将人分为乐观主义者和悲观主义者，丰饶主义者和生态环保主义者，技术主义者和马尔萨斯主义者[1]，或者繁荣主义者和末日主义者。但这些标签却总是有误导性，例如，支持增长的倡议者并没有对垄断持乐观主义态度，而那些担心人口过量的人，也并不会拒绝技术发展。这样的分类也体现了牢不可破的群体身份认同。而实际上，人们会根据环境需求的不同从一个群体转为另一个群体。一个人在阅读有关经济增长的报纸文章时，他有可能是一个繁荣主义者，而在翻开下一页，读到有关气候变化的最新消息后，他又可能是一个末日主义者。2017 年，一位做未来趋势预测的硅谷技术投资人承认，他的心理状态是"在极度的乐观和彻底的恐惧之间左右摇摆"。人们很少能坦然且长期地融入一个单一的群体类别中，而总是在不同的时刻，接受不同

1　马尔萨斯主义者（Malthusians），也称马尔萨斯陷阱，由托马斯·罗伯特·马尔萨斯（Thomas Robert Malthus）提出，主要指不断增长的人口早晚会导致粮食供不应求。

的环境叙事故事。

　　尽管西方文化中蕴含着对增长的强烈期望，但西方世界也产生了对未来的环保愿景。他们也重视稳定人口数量、谨慎使用资源和稳态经济，因此共同构成了一个零零碎碎的反对增长的主题。根据历史背景的不同，这一主题往往会有起伏变化。这种环保愿景从来没有像上述两种以增长为主旨的主流叙事故事那样，被广泛接受，然而，它仍然具有重大意义，有时也是颇有影响力的。因为环保愿景让人们重新思考进步的意义，并敢于在增长模式之外去寻找另一种未来发展。这种愿景，在环境之梦的庞大历史背景中也发挥了重要作用。

　　若将所有这些关于未来的故事都视为一种创造文化中的无谓幻想而置若罔闻，可能也落得轻松。但是，这些故事太重要了，因为它们与现实世界有因果关系，且对其有着生态影响力。个人层面上是最容易发现这些故事的影响力的。快速发展的预期心理学[1]领域发现，被未来拖曳着前进的人，如同被历史的车轮裹挟着滚滚向前。这导致一些科学家建议，我们这个物种取名为"展望者"（homo prospectus）更为合适。生态经济学家肯尼斯·博尔丁[2]也提出了类似的观点。他写道："我们所有的决定都是从对未来的几种愿景中做出一个选择而已。"有些人甚至能够认识到这些故事对他们生活的影响力。尤其是许多科学家和发明家，他们

1　预期心理学（Prospective Psychology），主要研究情绪的目的，来指导未来的行为和道德判断。

2　肯尼斯·博尔丁（Kenneth Boulding, 1910—1993），英国经济学家、教育学家、和平主义者、诗人、系统论科学家、哲学家。

都承认儒勒·凡尔纳[1]、赫伯特·乔治·威尔斯（H. G. Wells），还有其他富有想象力的人鼓舞了他们，而做出现在的职业选择。从某种意义上说，人是时间旅行者，人需要一些指引找到前进的道路。那么，有关未来的故事往往可以作为图例，而为人所用。

　　研究未来的领域中，有一个基本准则是明天的寓言故事也能塑造整个社会。社会学家弗雷德·波拉克[2]提出了一个著名的理念：对未来的愿景，是推动历史前进的主要力量。但是，人们近在咫尺之处就能体会到这种愿景对政府、企业和机构有多重要。无论他们是在宣传和追求自己期待的愿景，还是对别人的预测做出反应，都会以愿景的方式来展示。耶鲁大学的社会学家温德尔·贝尔[3]把社会定义为"人们对未来产生一定的共同期待，然后基于这些期待而产生的共同行为"。人们围绕某一特定期待的共识程度越高，这种期待就越能形成一种强大的推动力。几个世纪以来，西方对增长抱有一种共识态度，因为人们很容易想象，一个不断扩大的蛋糕，即使切开后每份大小不一，但是能让每个人都受益。虽然增长的一些主要促成因素（如工业化和资本主义制度）经常受到多方的猛烈抨击，但事实上，除了对环境影响的原因之外，

1　儒勒·凡尔纳（Jules Verne, 1828—1905），法国小说家、剧作家、诗人，现代科幻小说的重要开创者之一，以其大量著作和突出贡献，被誉为"科幻小说之父"。著有《海底两万里》（*Vingt mille lieues sous les mers*）、《环游地球八十天》（*Le tour du monde en quatre-vingts jours*）等。他作品里的相关描述和描写，大多都有科学依据，所以其小说中的一些幻想成功预见了后世的一些技术发明。

2　弗雷德·波拉克（Fred Polak, 1907—1985），荷兰社会学家、政治家和未来学家，荷兰未来研究的奠基人之一。

3　温德尔·贝尔（Wendell Bell, 1924—2019），美国未来学家，耶鲁大学社会学名誉教授。

我们也很难对增长本身提出批评意见。

当然，发展型和灾难型叙事故事，并不是引导人类走向其中一个结局的唯一力量。对明天的世界做出规划并执行，也绝非易如反掌。因为我们构想的未来已经把社会带向了一个指定的发展方向，所以城市化、工业化、人口扩张、科技进步等其他作用力，也推动着社会朝着同样的方向发展。实际上，几个世纪以来，物质变化和文化的公序良俗一直深深地纠缠在一起。在共同推动人类走向命运旅途的过程中，它们相互强化，甚至相互创造。在这层意义上，这两种对未来的叙事故事，不仅是社会发展的原因，也是结果。它们在长期不断进步与增长的历史背景下，预测未来可能的样子。

对于一个历史学家来说，书写未来史，甚至书写过去看待未来的历史，尤显奇怪。但是，历史学家却是站在历史的制高点，去探索不确定的未来。范恩·伍德沃德[1]发现，"没有其他任何一门学科比未来史更有资格去调解人类未来美梦和历史噩梦之间的矛盾，又或者，去调解未来噩梦和历史美梦之间的矛盾"。英国外交官爱德华·霍列特·卡尔[2]甚至想得更远。他认为对未来的考量是历史学家不可避免的一项任务。他曾写道，一个优秀的历史学家，"无论他们是否想过这一点，未来都早已刻在他们的血肉之中"。

本书用历史学家的工具来重构未来环境史。故事从 14 世纪西

---

1 范恩·伍德沃德（C. Vann Woodward, 1908—1999），美国历史学家，主要关注美国南部历史和种族关系，曾获得 1982 年普利策历史奖。

2 爱德华·霍列特·卡尔（E. H. Carr, 1892—1982），英国历史学家、外交官、记者和国际关系学者，国际关系中的古典现实主义理论的奠基者之一，反对历史学中的经验主义。

方环境领域的扩张开始，一直延续到开始演变出发展型和灾难型
叙事故事的重要阶段。这个阶段包括：科学进步、经济扩张和技
术革新促进了早期对进步和增长的期待；燃煤机的发明似乎使无
尽的富足，有了成为现实的可能性；利用查尔斯·达尔文[1]的思想，
将人类的无限扩张定位为自然发生且不可避免的；20世纪出现了
预测环境浩劫的新故事；以及面对日益严重的环境问题时，进步
理念的日渐衰退。

　　这两种叙事故事的演变，以及常见的环境预言史，都对环境
理念的发展做出了新的阐释。4个世纪以来，在人们构想未来的背
景下，20世纪的环保主义看起来不仅是一场社会和政治运动，而
且是一种史无前例的思考明天的方式。这两种叙事类型的源头，
其实比历史学家所意识到的还要久远，而且一直朝着不同的方向
演变。可持续发展运动，不是环境理念简单地发展到最新阶段，
而是作为一种对未来的期待进入了人们的视线。因为可持续发展
运动避免了在讨论增长和极限时势必会出现的两极分化的情况，
从而获得了广泛的赞同。与此同时，世界已经进入了一个被称为
"人类世"的地质新时代，这让许多人感到不可思议。但若是从
历史上对未来的期待角度出发，这种对自然世界的统治时代正是
人类所不断追求实现的目标，这样看来，"人类世"也就不那么令

1　查尔斯·达尔文（Charles Darwin, 1809—1882），英国博物学家、地质学家和生物学家，
最著名的研究成果是"物竞天择，适者生存"。他的理论解释了环境适应性的来源，
并指出所有物种都是从少数共同祖先演化而来的。19世纪30年代，他的理论成为对
演化机制的主要诠释，并成为现代演化思想的基础，在科学上可对生物多样性进行一
致且合理的解释，是现代生物学的基石。

人震惊了。

环境之梦的历史，也迫使我们去审视人们所谓的发展主义思潮。其实，许多环境之梦描绘的世界，水泥灰和砖石红是比森林绿要多的。搞清楚为什么个人和团体选择发展而不是保护，以及什么样的环境愿景驱使我们这样做，对于全面了解环境史非常重要。人类一直不得不做一个十分重要的决定，到底是利用环境还是保护环境。这个决定就像是在相互对立的两个欲望之间做出选择，而这两个欲望又不受控制地相互掣肘，如同一枚硬币的两面一样。因此，研究人们对开发自然的理念，同时研究形成保护、保存自然资源及环保主义的思想，都是有意义的。这两种思想放在一起会更容易理解。

过去的未来史也为今天对增长和自然极限的讨论提供了重要的参考背景。大多数参与讨论的人都是生态经济学家。他们希望不断扩张的世界经济可以适应现实的环境条件。但这段历史强调的是一个经常被忽视的文化层面因素，而这个因素对增长的影响是极其重要的。长期以来，人类的扩张建立在西方人对未来的愿景中。这种愿景远比经济领域所暗示的未来更加根深蒂固。因此，完善世界经济不仅需要改变经济本身，还需要对整个西方世界观做彻底调整，其中就包括让"增长"从进步理念中脱离出来。

环境之梦的历史，其最重要的意义可能是，直接指明了当前环境困局的根源——大部分人拒绝接受自然是存在极限性的。尽管自 20 世纪 60 年代以来，进步的理念已经不再熠熠生辉，但为无数人生存、为生存所需的生产和消费，以及为地球人口的持续增长，提供无尽的物质富足，这一愿景依然一如既往地诱人。当我们回顾西方预测环境发展的悠久传统时，人类未能解决这种环境困局，因此，在平衡人类记忆和期待与现实环境极限性的关系这件事上，我们显得无能为力。而这种失败，又让我们几乎不可能发展出一个普世化的明日愿景——人们必须认识到环境的极限，且认识到我们就生活在这种有限的环境中。现如今的 21 世纪，我们必须对历史达成一个新的共识，并对未来建立新的期待，才能解决这个环境困局。那么我们第一步就必须清醒地认识到，我们的梦想会对客观物质世界产生重大影响。

第一章

进步与增长的故事

历史上有不少梦想家，罗杰·培根[1]便是其中之一。培根是中世纪英国学者和方济各会[2]教士，1260 年前后，他曾在一封信中描述过其称之为"奇妙人造仪器"的东西。培根认为，在他所处的时代，这些仪器已经被发明了或至少已经设计出来了。这些仪器包括无船桨的海船、无马却速度极快的马车、仅一人控制就可以如鸟般飞行的飞艇、能轻松举起巨大重量的机器，以及能让人在海底和河底行走的奇妙装备。培根向这封信的读者保证，这些神奇的机器并不是魔法变出来的，而是"仅通过艺术设计和推理就能实现的"技术创举。他的信之所以引人注目，不仅是因为在当时看来他对这些机器已存于世的判断是完全错误的，还因为他对技术成就的幻想，比他所处的时代超前了几个世纪。当时的机械化进程还没有快到足以让人叹为观止的程度。

　　还值得注意的是培根的信中所没有包含的内容——人们会利用这些机器来扩大土地版图，或者增加物质富足程度。其实，他

1　罗杰·培根（Roger Bacon, 约 1214—约 1294），英国哲学家、炼金术士。他学识渊博，著作涉及当时所知的各门类知识，熟悉阿拉伯世界的科学进展。他提倡经验主义，主张通过实验获得知识。

2　方济各会（Franciscan），又称法兰西斯派或小兄弟会，跟随方济各教导及灵修方式的修会，是天主教托钵修会派别之一。

可以想象用无桨船将殖民者运送到更遥远的海岸，用无马战车把资源加急送到新建的工场，用飞艇加速对未知地域的开发，用强力机挖掘新港口，或者用呼吸装置使得水下城市建设成为可能。但培根并没有像今天工业化世界的人那样，直接将技术成就与人类扩张联系起来。由于以往的历史没有告诉我们，人类有一天会掌握自然的力量，并利用它来改变地球，进而彻底改变物质生活条件。所以，培根和他同时代的人当时认为环境关系与物质文化会基本保持不变。

大约两百年后，上述观点开始发生改变。新的发现、发明和环境知识使西方国家向世界各地扩张其经济、人口和权力成为可能。现在的情况跟过去相比变化太多了，而且科技似乎成为这种变化的主要驱动力，甚至成为人类历史进步本身的驱动力。由于对昨天有了新的理解，人们产生了对明天完全不同的看法。人们对富足产生期望，或为满足物质需求而想拥有更多东西，然后，人开始做梦都想拥有无尽丰富的物质。这也成为西方国家所理解的人类进步过程的一部分。18 世纪末，增长与进步已经成为西方人期待的重点。不同环境设定下，这两点则对明天的发展产生了两种相互对立的叙事方法。一种说法认为无限制的增长会产生乌托邦，而另一种说法则将其视为走向全球毁灭的道路。

改变预期

以下三个相互关联的事件，使西方人开始走上以增长为中心的未来之路。第一个是，西方国家的地域版图急剧扩大，这始于

这幅 17 世纪由西奥多·德·布莱[1]创作的版画，出现在新英格兰、弗吉尼亚和新西班牙的各类出版物中，以展示美洲自然的丰富程度

资料来源：美国约翰·卡特·布朗图书馆

15 世纪的"发现之旅"。跨过一座座岛，一条条岸，欧洲以外的世界开始慢慢进入人们的视野，让人目不暇接。这个世界看起来如此之大，大到就连用于贸易的稀缺资源和稀有产品，似乎都有无限的开发潜力。然而，真正的惊喜出现在 1492 年。克里斯托弗·哥

1　西奥多·德·布莱（Theodor De Bry, 1528—1598），文艺复兴时期欧洲雕刻家。

伦布[1]偶然发现了一个前所未见的新世界。欧洲探险家对美洲自然资源的丰富感到无比惊讶。比起家乡所见到的一切，他们在那里发现了广袤无垠的森林、大量野味和富饶的渔场。因为欧洲人带来的传染病导致美洲原住民大量人口死亡，广阔的美洲大陆突然变得唾手可得。它不仅能实现经济扩张，也可满足全面殖民化。站在当时欧洲人的角度看，欧洲之外的世界似乎就是无边无际的。

一个世纪后，望远镜的发明使人类涉及的领域进一步扩大。当时，传统观念认为，月球与地球不一样，它是光滑如镜的。但是，当伽利略[2]在1609年秋天用他新制的望远镜望向月球时，他发现月球表面有一些看起来像山脉、山谷和海洋的地方。他甚至认为这是他可能看到了大气层的证据。第二年，他把这个发现公布后，月球新世界的消息就在几周内传遍了西欧，并将西方的环境愿景拓展至太空。评论家们立即把伽利略比作哥伦布，并开始梦想有一天欧洲人可以殖民月球并开采资源。在17世纪后期，功能更强大的望远镜使人们可以对行星的环境进行推测。人类在无尽宇宙中扩张的愿望由此诞生。

第二个促使人们对增长产生强烈期待的事件是科学革命。学

1　克里斯托弗·哥伦布（Christopher Columbus, 1451—1506），欧洲中世纪至近代的著名航海家、探险家与殖民者。哥伦布于1492年到1502年间四次出海横渡大西洋，并成功到达美洲大陆，他的一系列航行以及为建立永久居民点所付出的努力，使得美洲大陆进入了近现代西方的人类文明历史中，也为西方日后在美洲的拓殖奠定了基石。世界历史也将哥伦布的环球航行视作中世纪史与近代史的分界点。

2　伽利略（Galileo, 1564—1642），意大利物理学家、数学家、天文学家及哲学家，科学革命中的重要人物，被誉为"现代观测天文学之父""现代物理学之父""科学方法之父""科学之父"及"现代科学之父"。

者从 16 世纪开始，逐步将越来越多的精力投入揭示自然规律的系统过程中，到 17 世纪，这种研究进度开始不断加速。当时的自然哲学家使用的技术，不能全部当成我们今天所理解的科学技术。其中一部分原因是当时的学者思想仍然包含着大量宗教和魔法的理念。但是，他们当中有许多人在积极努力改变从古代文献中探索环境知识的传统方式，取而代之的是以实际观察自然界为主。从多方面看，他们的努力使欧洲的环境创造力更自由地在新道路上徜徉。

一些自然哲学家对人类能够进一步控制和发展自然界的期望上升到了前所未有的高度。勒内·笛卡儿[1] 希望人类有朝一日能知晓"火、水、空气、星星、天空和环境中所有其他物体的力量和运动方式，就像我们熟知工匠的各种工艺一样"。他曾写道，通过运用这些知识，我们可以"使自己成为主宰自然界的主人"。在科学革命之前，人们是很难见到如此雄心壮志又信心满满的言论的。

重塑西方对未来期待的第三个事件，是技术变革的加速化。前工业时代的欧洲，对风车和水车等复杂机械并不陌生。但随着科技进步，特别是在印刷术、火药和指南针引入后，其影响更加深远。1620 年，英国政治家弗朗西斯·培根[2] 表示："有三样东西改变了整个世界的面貌和阶段，第一是文学，第二是战争，第三

1　勒内·笛卡儿（René Descartes, 1596—1650），法国哲学家、数学家和科学家。他发明了解析几何，将先前独立的几何和代数领域联系起来，所以被认为是现代哲学和代数几何的创始人之一。

2　弗朗西斯·培根（Francis Bacon, 1561—1626），著名英国哲学家、画家、政治家、科学家、法学家、演说家和散文作家，古典经验论始祖。

是航海。"他发现这三点又反向激发了其他技术的变革。培根认为这三点是非常重要的，所以将其置于人类历史的首位。他写道："没有哪个帝国、宗派或星体，对人类事件产生的巨大推动力和影响可以跟这些机械发明相比。"培根坚信不疑地宣称技术是推动历史发展的主要力量。

历史上加速创新的理念，其实正预示着未来的进一步创新。这一观点自 17 世纪中叶开始广泛传播，培根所在的英国尤其如此。当时英国诞生了一种独特的"改善文化"，他们把物质进步作为通往繁荣和幸福之路的必要条件。"改善"这个词，很快就成了一个国家的关键词，让那些造梦者开始敢于创造更大的美梦。约翰·威尔金斯[1]主教曾写过一篇文章，是关于开发潜水艇、飞行战车和永动机的可能性的。伍斯特侯爵二世[2]本人也是一位发明家。他发表了 100 篇文章，用以描述号称已经成熟的发明，包括人类飞行器，以及早期蒸汽机等。约瑟夫·格兰维尔[3]是英国自然哲学的支持者，他相信有一天人们买一对翅膀，会像买一双靴子一样容易，然后像去南方的海域一样，不费吹灰之力就能去月球旅行。这样的能力可能还要很多年才能实现，但历史上的科技成就，已经使人们顺理成章地开始期待它们了。

17 世纪的欧洲人对这种技术转变持有两种看法。一部分人，

---

1 约翰·威尔金斯（John Wilkins, 1614—1672），英国圣公会神职人员，自然哲学家和作家，皇家学会的创建者之一。

2 伍斯特侯爵二世（Marquis of Worcester, 1602—1667），参与保皇派政治的英国贵族，发明家。

3 约瑟夫·格兰维尔（Joseph Glanvill, 1636—1680），英国作家、哲学家和神职人员。

比如弗朗西斯·培根，他认为这将引领我们至"伟大的重建"或复兴。在未来的时间里，人类将重获对自然的控制权，也就是亚当和夏娃在《圣经》故事中的堕落[1]发生之后，所失去的权利。另一部分人反对将机器视为神力的一种补充形式，而认为它们是人类罪孽的不幸结局，也阻碍了人们恢复伊甸园里人与自然所存在的亲密关系。这两种观点在当时是以一种相互对抗的方式体现出来的，那时的人对《圣经》故事中的巴别塔[2]，以及神话故事中伊卡洛斯[3]和他的翅膀，有着不同的解释。有的说是值得称赞的雄心壮举，有的则说是悲剧性的狂妄自大。这两个观点之间的对峙状态，始于文艺复兴时期，直到今天仍然影响着西方人对技术和自然界的态度。

也是在同一时期，梦想家们开始将科技进步与人类扩张联系起来。威尔金斯希望他的潜水艇如果足够大的话，就可以用于水下殖民。他幻想着让工人大部分时间都待在水下，甚至看着他们

---

1 《圣经》故事中的堕落（The biblical fall），又称人的堕落（The fall of man），基督教中用来形容第一个男人和女人从无罪、顺服上帝的状态，转变为有罪、悖逆状态的术语。

2 巴别塔（Tower of Babel），又称巴比伦塔或通天塔。是犹太教希伯来文《圣经》中的一个故事，讲的是人类产生不同语言的起源。故事中，一群只说一种语言的人在"大洪水"之后从东方来到了示拿地区，并决定在那里修建一座城市和一座能够通天的高塔。上帝见此情形就把他们的语言打乱，让他们再也不能明白对方的意思，并把他们分散到了世界各地。

3 伊卡洛斯（Icarus），迷宫的创造者代达罗斯（Daedalus）的儿子。伊卡洛斯和代达罗斯，试图借助代达罗斯用羽毛和蜡制成的翅膀逃离克里特岛。代达罗斯首先警告伊卡洛斯，不要自满或狂妄自大，指示他不要飞得太低也不要飞得太高，以免海水的湿气堵塞翅膀，或太阳的热量将翅膀熔化。伊卡洛斯无视代达罗斯的指示，飞得太靠近太阳，导致翅膀上的蜡熔化，从天上掉下来，掉进海里而溺死。这个神话衍生出谚语"不要飞得离太阳太近"（Don't fly too close to the sun）。

的孩子出生，这些孩子以后也不用知道水面上的世界。伍斯特侯爵希望，一旦他的蒸汽机技术成熟，就能通过排出矿井水的方式，大大增加对水资源的控制，还可以为城市提供水，乃至通过调控河流的水量来改善河岸的土地。格兰维尔也期待这些发明能带来环境的转变，包括将沙漠变成百草丰茂的草原。

人们对增长产生了前所未有的关注，加之人们相信地球有能力养活比当下更多的人，英国人和法国人开始尝试进行人口预测。1696 年，一位英国统计学家计算出英格兰和威尔士地区的人口在 435 年里翻了一番，他同时预测到，这种增长在未来亦将持续很久。这位统计学家估计，在他所处的时代大约有 550 万人，到 2300 年将翻倍至 1 100 万人，到 3500 年将再翻一倍。一位在法国的军事工程师计算出，到 3000 年，加拿大的人口将增长到 5 000 万人，将远超他所处时代的法国人口。诸如此类的估测，体现的不仅是对人口能增长多少的简单认识，它还表达了在未来一千年或更长时间内，对人口增长的一种期待。

一些历史学家认为，西方以科技为推动力的扩张主义，主要源于基督教传统。因为这些历史学家指出，基督教有非常特殊的神圣戒律，比如"要生养众多，遍满地面，治理这地"。这样的语句无疑强化了一种理念：自然界的一切，都要臣服于人类的意图。但 17 世纪末，有观察者对改变世界的力量有了更深层的理解。英国牧师约翰·爱德华兹 [1] 于 1699 年解释说："在国内刻苦研究，又到遥远国度旅行，让我们有了新的见闻和见解，以及闻所未闻的

1　约翰·爱德华兹（John Edwards, 1637—1716），英国加尔文教派的神学家。

发现和发明。因此，我们超越了过往所有时代，而且很有可能，未来的成就又会把我们远抛身后。"新世界，新技术，以及对了解自然奥秘的新渴望，这些都是重塑过去、现在和未来的力量。

科学与富足

在人们对增长的期待开始发展的半个世纪前，自然哲学家以日益增长的环境知识为基础，首次建立了一个全画幅的未来愿景。最引人注目的愿景出现在 1700—1725 年，它以虚构理想社会的故事形式出现。自然哲学家遵循了托马斯·莫尔[1]在1516年出版的《乌托邦》一书中表述的模式，把故事背景设定在遥远的空间而非万年以后。他们把未来想象成与我们现在所处的世界大相径庭的存在，这一想法至今看来也是极不寻常的。正因为当时的人难以接受未来与当下的不同，所以未来小说又等了 150 年才成为一种新的文学体裁。在那之前，乌托邦代表的是明天的寓言故事，故事背景则设定在世界上某个不为人知的角落。

早期的科学乌托邦故事特别有趣，因为它出现于一个很短的时间段。当时不断增加的环境知识似乎是未来发展的关键，但还未成为联结扩张和富足愿景的桥梁。因此，这些乌托邦故事不是把环境知识用于增长，而是将其应用于其他目的。比如，满足当前所需，促进社会和谐，提高人们生活质量，让人们更接近上帝，

---

1 托马斯·莫尔（Thomas More, 1478—1535），英格兰政治家、作家、哲学家与空想社会主义者，北方文艺复兴的代表人物之一。1516年用拉丁文写成《乌托邦》（*Utopia*）一书，对以后社会主义思想的发展有巨大影响。

并将人类在自然界的地位，恢复到《圣经》中的堕落发生之前的水平。最终结果是产生一系列稳定的社会状态，包括人口、生产水平、消费习惯和保持不变的地缘影响力。

最早的科学乌托邦故事之一是《太阳城》，由意大利牧师托马索·坎帕内拉于1602年编写完成。据推测，这座虚构城市的居民住在印度沿海的一座小岛上，他们掌握了丰富的环境知识，人们可以随时调整生产生活的各项活动，以适应自然界的变化。通过城市的设计可以看出，他们已经实现了人与自然的和谐相处。太阳城由七面圆形城墙组成，城墙从外到内相互嵌套形成一组同心圆。城市的中间有一座小山，山顶上是一个平原。每面城墙分别以七大行星命名。除了最外面的城墙，其余城墙的表面都覆盖图案。这些图案描绘了人类已掌握的所有知识，大部分是关于自然环境的知识。有的城墙上刻画了已知的岩石和金属图片，并注以描述和标本；其他的墙上是有关液体的插图和样品，从海洋、河流到葡萄酒和油，比比皆是；还有一些墙壁上描绘了鸟类、爬行动物、昆虫和植物。在城市中心的山顶上，矗立着一座圆形的露天神庙，其下是一个由巨型圆柱支撑的宏伟穹顶。坎帕内拉描述穹顶下的太阳形祭坛时，读者才完全意识到，这个城市的居民生活在一个庞大的太阳系模型中。

太阳城居民的满足感，一部分要归功于他们简单而平等的生活方式——所有的物品都是居民共用；每个人都工作，因此每天工作时间只有四个小时；城市的居民也不存在极度贫困或极度富裕的情况。但是，他们也因了解和掌控自然界而受益匪浅。祭司们仰望天空，来推测有用的未来信息，然后计算出恰当的日子来播种、收割和收集庄稼。更令人感到不可思议的是，他们还确定了动物和人类的最佳繁育时间，因为太阳城里的人是忠实的优生优育者。总的来说，太阳城里的人对人与客观自然的相互联系表现出难以言表的感激之情。他们认为"地球是一只巨大的猛兽，我们生活在其中，就像虫子生活在我们体内一样"。坎帕内拉只是顺便介绍了他们的先进技术。他说太阳城里的人已经学会了无风或无桨的航行和飞行方式，他们正在研发望远镜和一种可以听到天体音乐的设备。坎帕内拉主要关注的是，让人类与自然界和谐相处，进而与神的旋律相呼应。

1619 年，即坎帕内拉完成《太阳城》的 17 年之后，一位叫约翰·瓦伦丁·安德烈[1]的德国神学家兼牧师发表了一部乌托邦作品《基督城》（*Christianopolis*）。他以一种与众不同的方式，把自然知识融入社会发展中。基督城里住的都是虔诚的基督信徒，所以城市以基督教命名，城市位于一座不为人知的偏远岛屿上。安德烈读过莫尔的《乌托邦》和坎帕内拉的《太阳城》，并从这两本书中获取了写作灵感。但是，安德烈的乌托邦愿景也体现出，他渴望建立一个基督徒联盟会，以保护有关自然和精神世界的知识，并力求在欧洲激烈的宗教冲突时期恢复社会稳定。因此，他的乌托邦作品，描述了一个致力于追求掌握环境知识和保持社会稳定的基督教社区。

由于安德烈认为社会和谐的关键因素是经济平等和简朴的生

---

1 约翰·瓦伦丁·安德烈（Johann Valentin Andreae, 1586—1654），德国神学家，号称是《克里斯蒂安·罗森克雷茨的欢乐婚礼》（*Chymical Wedding of Christian Rosenkreutz*）的作者，该书成为玫瑰十字会（Rosicrucianism）的三部奠基作品之一。

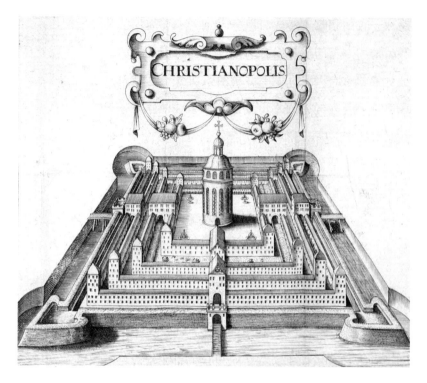

从约翰·瓦伦丁·安德烈《基督城》中的一幅插图中可以看出，在虚构的基督城中，居民利用他们不断增长的环境知识，在人口稳定的社会中改善其生活条件

资料来源：美国盖蒂研究所

活，他设想基督城的居民过的是一种近乎僧侣般的生活。他们的服装都非常朴素，都是白色或灰色，而且每天做三次礼拜，住在不加以装饰的小房子里，以冥想沉思为日常休闲方式，不过他们是可以结婚的。基督城的居民平时生活的重点就是工作，研究自然世界，还有从事宗教活动。正如坎帕内拉在《太阳城》中所述，每个市民都工作，这意味着每个人所需做的工作很少。城市布局呈方形，这种形状在文艺复兴时期寓意稳定，城中有奢华的公共

基础设施，包括一个议会大厅，一个布满艺术品的寺庙，还有一个装饰精美的学院回廊。以上的基础设施，保障着市民可以过着简朴的生活。城市周围的环境也同样让人感觉安全可靠。那里有开放的牧场，耕作的田地，还保留了一片不做开发的野生区域。根据故事人物的言语可以得知，居民们"总是能幸运地将他们的社区维持在稳定的状态，而且各方面都基本保持不变"。

他们唯一期待的是能掌握更多的自然知识。城市的大部分民众都致力于环境研究，以及弄清楚如何把新发现应用于改善人类生活，这也是基督教的目标。城内社区拥有数量惊人的实验室，并设有与之相关的教学部门。在金属研究实验室里，居民们会仔细检测他们在地下发现的一切物质。在其他区域，他们则学习数学、自然科学、解剖学和其他学科。与坎帕内拉的太阳城的人不同，基督城的居民不会把生活与星象周期匹配。他们也不会把环境研究留给祭司去做。相反，他们会亲力亲为，让熟练的工匠把新知识用于实践。基督城人把城市弄得像"一个独立的工作坊，但是里面有各种各样的工艺品"。然而，研究之后应该产生的机械设备的更新升级，却大多未被提及。书中也没有线索涉及未来的技术，比如飞行技术。安德烈认为人类的知识始终是有限的。

1624 年，在安德烈的作品发表几年后，弗朗西斯·培根出版了 17 世纪第三部也是最后一部重要的科学乌托邦作品《新亚特兰蒂斯》（*New Atlantis*）。培根是一位政治家而不是神职人员，他也是科学革命中极具话语权的人士之一。不知道他是否熟悉坎帕内拉和安德烈写的乌托邦，但事实证明他的作品影响力要大得多。《新亚特兰蒂斯》在历经数次改版后，成为早期极重要的机构——

伦敦皇家学会的主要灵感来源之一。该书自首次印刷以来，一直是文化的试金石。1939 年，未来主义者和小说家赫伯特·乔治·威尔斯认为该书影响深远。他当时写道，培根的乌托邦"产生的实际影响，比任何一个描写乌托邦的作品都多"，当然也包括培根的其他作品。

培根未曾写完《新亚特兰蒂斯》，但他对理想社会的关注重点却很明确，而且占据了该书已出版部分约三分之一的篇幅：一个政府资助的研究机构，"致力于研究上帝创作的物品和生物"。这样的研究机构在培根当时所处的欧洲并不存在，但它是本萨利姆的"非常之眼"和"灯笼"。本萨利姆是位于太平洋某处的一座假想岛屿。研究所成立于故事开始前近两千年，所内住着一批自然哲学家或者称"研究员"，他们在异国他乡探寻新知识，做实验，并开发新技术。研究员将研究结果综合归纳为实用的通则，他们因此被称为"自然的解释者"。在汇总环境知识以后，他们对最终做出来的东西，也具有绝对的控制权。如果他们还不想把知识公之于众，甚至会对提供赞助的政府保密。培根说出了"知识就是力量"的名言，然后把知识与力量都给了他构想的研究机构的研究员。

研究员的大量精力，都用于探索如何能模拟自然。在 17 世纪的读者看来，这并不稀奇，因为当时普遍认为，艺术最大的作用就是再现上帝所创之物。文艺复兴时期的魔法师利用一个小火箭模仿雷声，或者通过向空中发射羽毛，看着它们慢慢随风飘落，来表现下雪的场景一样。但是，培根这样的自然哲学家制造的都是实实在在的东西。他们把特定的材料在地下埋藏很多年，然后再开采出来做成人造金属。他们还做出可以产生风的发动机，或者建造有特殊用途的建筑，在建筑里面可以重现天气变化模式、颜色、声音和气味。他们还制造让人能像鸟一样翱翔空中的机器，或者像鱼一样畅游水底的设备。研究员认为他们自己做的事与上帝一样。从本质上看，他们是在复制上帝所创之物。

然而，培根笔下的研究员并不仅限于单纯的模仿。他们给上帝所创之物找到新的应用方式，甚至发明了更实用的形式。研究员利用深邃的山洞和山顶的高塔来制冷，制作改良过的土壤以提高农业产量，还创造特别的洗澡水和带有空气调节功能的卧室，以改善居住者的健康状况。通过他们的技艺，植物在当季时令中会长得更快更茂盛，还能使种植的果实味道、气味和外观与众不同，甚至能把一种植物转变成其他植物。动物则被用来做实验和解剖，研究员已经学会操控动物的体型大小、颜色、体态和它们繁殖的后代数量。他们也制造出了促进健康的新食物，包括一种肉制的饮料。这种食物既是饮料又是固体食物，比较受老年人欢迎。研究员的超凡能力数之不尽，甚至包括制造新型的动植物。这种描述对培根来说是很冒险的，因为当时的基督徒坚持认为，非上帝创造的动植物，是无法存在于这个世界的。

培根笔下的研究员在努力破解自然密码的进程中，比坎帕内拉的牧师和安德烈笔下的研究员更富进取心，这主要是因为他们的最终目标有所不同。培根笔下的研究员寻求的不是上帝和自然的简单融合，也不是直接利用自然为人类造福。他们寻求的是对自然的完全掌控，乃至可以重塑，甚至改进上帝所创之物。由此，人类的智慧价值得以最大化利用，自然界的复杂性和内部关联性影响则被最小化。但是，社会、环境，甚至精神方面可能产生的风险却都被忽视了。书中最著名的一句话，不仅概括了这种雄心壮志，后来也成为科学家的座右铭。其中一位自然哲学家分析说："我们的终极目的，是要知道万事万物的起因，以及事物运动的奥秘，然后扩大人类帝国的版图，让万事皆有可能。"

然而，这些乌托邦作品的作者没有把笔下的社会描绘成各方面都有所增长，唯一增长的只有自然知识及其实际应用。太阳城和基督城是富足的乌托邦，不是因为他们的居民无法生产更多的产品，而是因为他们选择了减少消耗。他们只种植足以满足自己需求的土地，他们也自己制造所有生活必需品，但这些物品很少用于贸易。和现实世界的同行相比，那里从事工作的居民更少，他们一直过着物质简朴的生活。其实，稳定的人口对上述两点都有至关重要的影响。即使在本萨利姆，除了举行仪式表彰那些生育大量后代的老年人之外，也没有任何迹象表明城市居民的道德伦理有所增长。但这三个乌托邦城市，特别是培根笔下的乌托邦，奠定了科技创新文化的基础，而这种文化很快被西方人视为增长的驱动力。

当时的一些思想家，对环境知识转化的潜力，没有坎帕内拉、安德烈和培根那么自信。1600—1610 年，约瑟夫·霍尔[1]主教撰写了《新世界的发现》（ *The Discovery of a New World* ）。书中描述了一个名为"福利亚纳"的地方，那里的"福利亚纳智者"会剃光头，以便他们的大脑更接近天堂。他们把时间浪费在无用的

1　约瑟夫·霍尔（Joseph Hall, 1574—1656），英国主教，讽刺作家和道德主义者。

实验上，而不是致力于宣扬基督教的传统美德。在塞缪尔·戈特[1]的《新耶路撒冷》（*New Jerusalem*）这本书中，人们从 1648 年起就开始从事重要的研究了。但是，戈特书中的人物警告说，对一些自然奥秘过度参透，"超出了人类的能力，这些奥秘隐藏得太深，工作量太大"。戈特还提醒他的读者，这些研究的最终目的，不应该只是为了知识和名誉，而应该是为了获得上帝的荣耀。这两位作家都害怕《圣经》中的堕落，他们认为这个教训告诉我们：不假思索地追求知识，比如摘取禁果这件事，会导致我们与神圣事物之间产生更大的鸿沟。

坎帕内拉、安德烈和培根似乎打心底就不在乎这样的警告。用现代的眼光来看，他们的乌托邦不仅因为社会没有增长而引人注目，还因为他们没有意识到科技进步也是有消极黑暗面的。他们没有对部分研究领域会产生的道德影响而感到惴惴不安，也没有认识到机械设备也可能对环境和社会产生负面影响，他们也不曾对科学发现可能被用于武器研制而感到担忧。只有培根似乎曾意识到这种增长的力量可能会被滥用，但他仍坚信"健全、理性和纯正的宗教"将统治世界。所以，他们的乌托邦只预见了追求自然知识能带来无穷无尽的好处，而且没有附加条件。最后事实证明，以这样的方式设想未来，他们只是可悲的预言家。

1　塞缪尔·戈特（Samuel Gott, 1614—1671），英国政治家，曾任英国下议院议员。

进步与增长

一个世纪之后，进步的理念开始走入舞台中央。长期以来，进步已经成为西方文化中的重要思想，也是主导思想。它带给人们的是一种"必然如此"的感觉。这种进步感表现在人们对科学和环境发展有一种远大抱负。同时，进步感形成了新的教化启蒙目标，比如通过促进自由和社会正义，以实现完美的人类社会。进步的理念也变得更加世俗化，与环境关系也更加息息相关。进步不再是上帝的意志，而是一个在全球范围内改变人与自然关系的历史过程。当时的历史学家，在以进步为指导理念的条件下，把人类对自然的控制权重新设想成人类建立文明的基石。同时，他们以人类对自然界的控制程度为标准，重新定义了社会的相对文明程度。最重要的是，进步的理念开始越来越多地与人类扩张的期待交织在一起。

这一思想的转变，发生于西欧经济史无前例增长的背景下。从任意角度看，一切似乎都在扩张，包括人口、农业、工业、运输、商业、采矿。每个领域的增长，都刺激了其他领域的增长。在 18世纪，欧洲的人口增加了 50%，伦敦的人口增长了一倍，达到近百万人。此时，农业和工业产出开始井喷，其中一部分是因为运河建设潮的帮助，但大部分都是在 19 世纪机械化浪潮尚未出现的情况下发生的。遥远的殖民地提供了新的可食用植物和原材料，以满足不断增长的人口和工业的需求，而买卖与交易则无处不在。欧洲的这一段增长经历是世界增长模式的一部分，但该段时期的增长要归功于欧洲的经济影响力，以及从海外殖民地获得的自然资源。当时的欧洲，就是世界的新兴经济中心。

新的科学知识和实用的发明，被不停地大量复制和传播。哲学家们也在数学、化学、生物学和天文学方面取得了突破。此时，一种预防天花病毒的方法从奥斯曼帝国传到欧洲。类似播种机这样的发明，则有助于提高农业产量，而纺织技术的创新产品，比如飞梭、纺纱机、水架、纺棉机，则极大地提高了纺织品产量，也为工业革命铺平了道路。随着变革步伐愈加快速，越来越多的人感受到了它的影响力。

18世纪最令人震惊，也是对未来愿景影响最大的发明，就是热气球。1783年11月，蒙哥费尔兄弟[1]在巴黎市郊放飞了第一个可载人且没有绳索捆扎的热气球。热气球上的两名乘客在飞行25分钟后安全着陆。这项新技术引起了人们难以想象的心理冲击，因为当时气球主要被当成儿童的玩具。当热气球在巴黎徐徐升空时，西方世界可谓目瞪口呆，人们由此对科学以及科技有可能改变人与自然关系的信心随之飙升。这种信心的现实影响当即显现出来，比如托马斯·杰斐逊[2]预见到人们可以具备穿越沙漠、山脉和敌方领土的能力，甚至可以到达地球两极。但是，这种信心最重要的影响是它象征着人类的聪明才智已经可以征服天空。

---

1 蒙哥费尔兄弟（Montgolfier brothers），即约瑟夫·米歇尔·蒙哥费尔（Joseph-Michel Montgolfier, 1740—1810）和雅克·艾蒂安·蒙哥费尔（Jacques-Étienne Montgolfier, 1745—1799）。法国的造纸商、发明家。

2 托马斯·杰斐逊（Thomas Jefferson, 1743—1826），第三任美国总统（1801—1809）。同时也是美国《独立宣言》（*The Declaration of Independence*）主要起草人，美国开国元勋中最具影响力人物之一。

自 18 世纪末起，热气球飞行成为人类征服天空的象征。这幅 1788 年的雕版画，展示的是太阳神阿波罗为第一个载人氢气球的飞行员戴上月桂花环

资料来源：美国国会图书馆

法国经济学家安·罗伯特·雅克·杜尔哥[1]第一次将欧洲的所有变化融合成一个进步的理念，并于 1750 年出版了一本关于人类简史的书。杜尔哥把人类历史描述为"一个进步的故事"，特别是在科学和发明方面。他还在书中预测了更多未来的进步。他赞美了一系列让现代世界有别于古代的创新，包括"音乐符号、银行汇票、纸张、窗玻璃、玻璃板、风车、时钟、眼镜"，等等。他解释道，所有这些物件只是体现了人类对自然界的利用罢了，因为"艺术的实践就是一连串的物理实验，再通过这些实验逐步揭开自然的面纱"。杜尔哥将这种探索过程视为人类历史发展的驱动力和人类未来至关重要的因素。因此，杜尔哥理所当然地成为第一个提出进步是一种世界观的人，也是近代第一个推动经济增长的思想家。

18 世纪末，著名的数学家和哲学家尼古拉斯·德·孔多塞[2]又对杜尔哥的观点做了进一步补充。他说人类只拥有一个共同的历史，也只有一个跨越全球的未来。在 1795 年孔多塞逝世后出版的《人类思想的进步图景》（*Picture of the Progress of the Human*）一书中，他把人类的伟大进步分为十个阶段，从狩猎采集社会至今，再发展至未来。根据孔多塞的说法，明天将是一个由自由和受过良好教育的人民组成的世界。他们头脑理智，不再对殖民邻国感

1　安·罗伯特·雅克·杜尔哥（Anne Robert Jacques Turgot, 1727—1781），18 世纪中后期法国古典经济学家，经济学里重农学派的重要代表人物之一。他被当代学者视为经济自由主义的早期倡导者之一。他首次提出人类社会"进步"的概念。

2　尼古拉斯·德·孔多塞（Nicolas de Condorcet, 1743—1794），法国数学家、哲学家，18 世纪法国启蒙运动时期最杰出的代表之一。1782 年当选法兰西科学院院士。

兴趣。科学发展将使农业和工业有更好的生产力，同时改善人类健康情况，最终让人类万寿无疆。孔多塞也产生过疑问，在遥远的未来是否会因人口的增长超过资源供给，使得进步的脚步最终停止？但他坚信，随着人类趋于更加理性，同时不再迷信，人类的生活习惯将以某种方式得到改变，并有能力预防灾难发生。对孔多塞来说，进步和增长的唯一障碍，就是宇宙终将有期。

英国记者和哲学家威廉·戈德温[1]也想象，人类社会是朝着一个跨越全球的方向前进的，即使他是基于无政府主义的原则来表述他的未来愿景。戈德温在 1793 年首次出版的《政治正义论》（*Enquiry Concerning Political Justice*）中，表达了对进步的百分百信心。他写道："长期以来，人类一直在不断地改善与提高。因此，除了继续下去，也没有其他任何道路可走。再有洞察力的哲学思想也无法告诉人类什么是极限。同理，再天马行空的想象力也无法全面描绘人类的前景。"戈德温认为，财产、婚姻和君主制等制度阻碍了人类寻求幸福的道路。但是，一旦人们开始理性地生活，这些制度很快就会消失。与此同时，人类将开发地球上四分之三的地区，特别是那些目前仍未开发的地区，并不断延长自身寿命，直至"超过任何我们所能承受的限度"。与孔多塞一样，戈德温不愿承认地球的空间是有限的。但他相信，在遥远的未来，人类品

1　威廉·戈德温（William Godwin, 1756—1836），英国记者、政治哲学家、小说家，被认为是功利主义的最早诠释者之一，也是无政府主义的现代倡导者之一。因 1793 年一年内连续发表的攻击当时政治制度的《政治正义论》和攻击贵族特权的《凯莱布·威廉斯传奇》（*Things as They Are* 或 *The Adventures of Caleb Williams*，也是最早的悬疑小说）而闻名。

德会变得更加高尚，不再停留于"感官的满足"，或许还会彻底停止繁育下一代。

进步和增长之间的关联性，在英属美洲变得尤其强烈。那里殖民者的主要工作，是向西扩展边境，同时开垦从原住民手中夺来的土地。他们还迁居到人口稀少的地区，然后建立新城镇，而后开辟处女地并增加人口。所有这些行为，都被视为进步的标志。在欧洲和非洲有丰富外交经验的美国人乔尔·巴尔洛[1]用一首叙事诗把这种种行为产生的结果，说成是建立了一个百分百发达的世界。至此，科学仍然是这些未来愿景的核心，正如它在科学乌托邦作品中所展示的一样。但是，进步的理念已经从简单控制自然的欲望，转变成在地球范围内改造自然，以满足人类使用的欲望。因此，巴尔洛预见到，人类不仅可以获得在水底行走、空中飞行以及人工降雨的能力（这些梦想现在可以追溯到几代人之前），而且还可以把沙漠变成花园，把一座山从山顶到山脚的土地都开垦耕种，而且可以将农业产量提高十倍。

此类愿景暗示着快速发展和对机器的日益依赖，但不是每个人都能接受这样的未来。那些不追求物质生活而崇尚简朴生活方式的人，则经常从非洲和美洲原住民那里寻找对应的生活模式。不过，启蒙运动的哲学家对这些人持两种看法。哲学家有时嘲笑他们是返祖的野蛮人，有时又赞美他们是高贵的自然之子。1789年，苏格兰作家威廉·汤姆森[2]选择了第二种态度，并出版了一部

---

1 乔尔·巴尔洛（Joel Barlow, 1754—1812），美国诗人、外交官、政治家。政治上支持法国大革命，是热衷于杰斐逊式的共和主义者。

2 威廉·汤姆森（William Thomson, 1746—1817），苏格兰牧师、历史学家和杂文作家。

以阿比西尼亚[1]中部为背景的乌托邦作品集。在书中，故事里的人物遇到了猛犸人，他们是拥有先进科学技术的巨人族，却喜欢低端的技术。故事里的人物说道："他们规定，能通过自然界中任何简单装置或产品达到目的的话，就绝不增加新的机械发明。"因此，他们把房子建在树上，而且认为这样比"富丽堂皇的柱子"要漂亮得多。但是，18世纪的思想家很少有人真的用欧洲文明带来的好处换取回到树上的生活方式。进步的鼓点是很难听而不闻的，而且人类的进步正朝着不同的方向发展。

到18世纪末，进步的理念正在改变人们对时间本身的看法。前几代人接受了以循环往复的方式理解历史，其中包括兴衰迭代、国家扩张和丧失领土、朝代兴亡。这种循环只有在上帝对人类做最后的审判[2]时，才会结束。但是，进步的理念以线性发展的样式取代了以往呈圆形周而复始的发展轨迹。那些满腹经纶的西方人，从此开始把历史理解为一个故事。故事从不太发达的社会开始，人们的社会思想和控制自然界的能力都不甚优秀，而后故事结束于已经实现乌托邦的非常发达的社会阶段。最后的审判可能仍然会到来，但在那之前人类将不再循环往复地等待审判，而将走上一条通往完美社会的线性发展道路，其中包括利用科技的力量，把人类版图扩展到地球的每一个角落。

1　阿比西尼亚（Abyssinia），埃塞俄比亚旧称。

2　最后的审判（Last Judgment），又称大审判、末日审判，是一种宗教思想，在世界末日之时神会出现，将死者复生并对他们进行裁决，分为永生者和下地狱者。

全球极限的辩论

对进步和增长的关注，很快就引发了两个显而易见但至关重要的问题：在一个有限的星球上，增长是否有极限？如果有的话，增长的结束会如何影响进步的过程？孔多塞和戈德温已经预见到这些问题，并且一定认识到了其中的风险异常之高。因为如果进步和增长是相辅相成的，那么增长的结束，可能也意味着进步的结束。其实，这个问题在几代人的时间里都不会出现，而且未来的人类会变得足够智慧，来为自己找到一个解决方案。但是孔多塞和戈德温的回答，则是通过把问题抛之脑后来回避这个问题。其他思想家很快就会以更直接的方式去解决这个问题。在戈德温的书出版后不久，第一次关于全球环境极限的重要辩论开始了。

扩张的过程，特别是以牺牲森林为代价的扩张，已经揭示了在当地和国家领土范围内，其环境存在极限。18 世纪，因欧洲人口和经济活动的增加，导致森林地带严重减少，所以促使法国和德国建立了科学的林业养护体系。在欧洲之外，加勒比海、大西洋和印度洋的殖民岛屿上，人们对森林的砍伐以肉眼可见的速度改变了水文系统、物种组成，甚至是气候。这两种变化，都引发了对可持续发展林业养护需求的讨论。欧洲博物学家还发现，尽管自然界硕果丰富到令人难以置信，但环境对个别物种发展的制约，似乎随处可见。世界上没有哪种动植物，可以拥有无尽的生存空间，或者拥有无限的群体数量。

　　苏格兰教会的长老会[1]牧师罗伯特·华莱士[2]是第一个将这些碎片拼凑起来的人，他还表示对于人类的扩张，全球环境是存在极限的。华莱士于 1761 年提出，地球及其资源的规模，最终都是有限度的。因此，人口也必将是有限的。他说："自然界有一些主要的决定因素，所有其他处于次级的事物，都必须适应这些决定因素。"其中一个主要的决定因素是地球只有这么大。

　　地球有限的规模将如何影响人类探索乌托邦的过程？华莱士对此特别感兴趣，而他得出的结论却是令人沮丧的——他认为极限的存在，肯定会使怀有种种渴望的完美政府，在无意中埋下自我毁灭的种子。这样的完美政府，会赋予其公民想生多少孩子就生多少孩子的权利。但是，随着人口的增长，人类最终会触及地球资源和空间的极限。即使地球可以变得更加多产富饶，又或者有人发明了一种新方式来提供食物，最后地球仍然没有空间容纳无限多的人类，除非地球能"像动物或者植物体一样体积不断增大"。世界可以变成天堂，但只有等"不再有任何空间可以用来开发新殖民地，而且地球不能再生产任何人类所需物品"之后了。然后，为了避免灾难，完美政府将不得不采取反人类的措施，以遏制人口的进一步增长，比如限制婚姻、将妇女关在修道院里、阉割男人、杀死婴儿、处决所有超过指定年龄的人。这些措施本身就会导致战争爆发，乃至完美政府的统治瓦解。他写道，人类将"沦落到和现在一样不幸的状况"。最后，地球极限肯定会把乌

1　长老会（Presbyterian），西方基督教新教改革派的一支，源自 16 世纪的苏格兰基督教改革。

2　罗伯特·华莱士（Robert Wallace, 1697—1771），苏格兰教会的牧师和人口问题作家。

托邦变成反乌托邦。

但是，真正开始针对极限的辩论直到 30 多年后才开始，当时孔多塞和戈德温的主张引起了托马斯·马尔萨斯[1]的注意。马尔萨斯是一位英国教士和政治经济学教授。他在 1798 年出版了一本名为《人口论》的书，这本书的发行是有史以来对未来愿景表达最具影响力和争议性的著作。马尔萨斯同意华莱士的观点，即自然界对动植物和人类的增长有制约作用。但他不同意的是，人口压力只有在整个世界充分发展，且无力生产更多食物时才会成为问题。相反，马尔萨斯认为人口和食物供应一直是相互掣肘的。他推断，不受控制的人口增长速度总是比粮食生产快的话，其结果可想而知。当一个社会的食物比需求多的时候，人口必然会增加以配合食物供应量。但是，当社会的食物比需求少的时候，饥荒、疾病和苦难就会把人口数量重新减少到可控制的范围内。马尔萨斯认为，这种在富足与短缺之间永无休止的左右摇摆，是不可避免的自然法则。

马尔萨斯的论点对进步的理念，提出了重大挑战。他总结道，任何社会都不可能永远保持这样一种状态，即所有成员都能"生活在轻松、快乐和相对悠闲的环境中；并且当给自己和家庭求生存的时候，也不会为谋生的手段感到焦虑"。马尔萨斯在该书的后续版本中的立场稍微软化了一些，例如，他接受了一种可能性，即繁荣可能会鼓励工人阶级，像中产阶级那样拥有较小的家庭。

1　托马斯·马尔萨斯（Thomas Malthus, 1766—1834），英国牧师、人口学家和政治经济学家。他的《人口论》（*An Essay on the Principle of Population*）至今在社会学和经济学领域仍有争议，且影响深远。

但是，他仍然坚信，"应该谨慎区分无限制的进步，和无法确定极限值的进步之间的差异"。

对马尔萨斯来说，孔多塞和戈德温认为人类可以战胜自然法则的信念是误导。马尔萨斯认为，这种异想天开是无法通过人类经历证实的，这在当时也是典型想法。他写道："目前对发展是无边无际和无穷无尽的推测而产生的狂热浪潮，似乎是一种精神上的迷醉。这也许是由于近年来，在科学的各个分支中，人类取得的伟大和意外发现而造成的。对那些为这种成功兴奋不已和头晕目眩的人来说，每件事情似乎都在人类力量的掌握之中。"相反，马尔萨斯认为，有些东西是在人类力量之外的，而且永远都是如此。因此，戈德温设想的乌托邦注定会失败，因为人口压力会迫使社会回到苦难的时代。而且，这种情况不是发生在遥远的未来，而是近在咫尺即将发生。马尔萨斯写道："我看不到有什么方法可以让人类摆脱这个遍及所有自然生命规律的负担。"

马尔萨斯意识到，他的自然法则与《圣经》中规定的"要生养众多，遍满地面，治理这地"语句之间有潜在的矛盾关系。正如很多基督徒一样，他相信上帝不会不给人类提供履行戒律所需的资源，却发布这样的戒律要求人类执行。但是，马尔萨斯认为自然法则和圣经中的法则之间没有矛盾。上帝没有让食物变得如空气和水一样丰富，因为他知道在资源有限的地球上，这样做会使人口增长到难以想象的水平，最后产生不幸的结局。马尔萨斯发现，人类很难想象有一个天赐的礼物，会"在有限的空间内，无限地产出食物，但是极其有可能使人类陷入不可挽回的悲惨境遇之中"。因此，虽然上帝打算让人类多子多孙，但是也希望人类在他创造的自然系统所规定的范围内这样做。

戈德温对马尔萨斯的观点进行了严厉的驳斥，虽然他们双方的立场，从表面看上去更为近似。马尔萨斯确实对人类进步抱有信心，不过他认为人类进步是一个不平衡的过程。他表示，严谨的历史研究可以表明，文明不仅经历了改进，也经历了倒退。他也同样希望人类的品德能够随着科学知识的增长而提高，即使速度可能会慢一些。和同时代的大多数人一样，戈德温和马尔萨斯都认为人类的行为没有造成环境问题，因为人类把荒野改造成花园，是改善了地球环境。然而，人类扩张的终点是什么样子的？在这个问题上，他们却产生了很大的分歧。戈德温设想地球是"全部被耕种，全部被改进，所有的角落都住满了人"。马尔萨斯则认为，人类会最大限度地提高粮食产量，以保证产量的增加大于人口数量的增加。那么人类会为此做出所有的努力，也意味着未来世界是没有动物、没有私有财产的，而且所有人除了靠吃土豆维持生命之外，什么都不吃。

马尔萨斯并没有在对未来的设想中引入任何类似现代环境伦理道德的内容，也没有对环境极限做出全面的阐释。但他确实将人类牢牢地置于自然之中分析，并认为人类像其他物种一样必受制于自然规律。马尔萨斯没有接受那些对未来进步提出过于激进的主张的预言家的观点。这些预言家把未来的人类描绘成拥有无上美德之神，能完全掌握自然知识，还能控制自然力量。相反，马尔萨斯反驳说，人类在建设一个更美好世界时，势必要考虑到环境因素。任何科学发现、技术发明、制度变革、社会改革或人类行为的革命都不会改变这一点。人类永远无法战胜自然规律，所以，这意味着物质进步必定面临环境极限。这一观点从第一次出现在印刷品上的那天起就引起了争议，此后一直影响着人们对未来的讨论。

增长的故事

学者总会讨论科学、技术、进步和增长对环境的影响，这些讨论的内容一旦被改编成故事，就会吸引众多读者。这种情况，最早发生于 18 世纪末和 19 世纪初。我们今天耳熟能详的发展型和灾难型叙事故事，当时在法国已出现。这些故事的产生过程值得仔细探讨，因为故事的早期萌芽版本，不仅揭示了后来故事主题的轮廓，还强调了人类是如何向更注重增长的明日愿景过渡的。

路易·塞巴斯蒂安·梅西尔[1] 于 1771 年出版的畅销书《2440 年》（*The Year 2440*），是发展型叙事故事的首次问世。梅西尔是一位伟大的戏剧家和作家。故事的主人公是个巴黎人，在 700 年后的未来意外地苏醒过来。已是耄耋老人的巴黎人，惊奇地发现一个干净又开明的城市，城市中的社会正义感满满。市民享有自由、政治平等和免费教育，并摆脱了刻板宗教和常备军的负担。尽管富人和穷人仍然存在，但富人阶级愿意慷慨地与他们不太幸运的邻居分享财富。该书是有史以来，第一个以遥远的未来为背景的乌托邦作品，而不是以当下地球的一个与世隔绝的地理位置为背

---

1 路易·塞巴斯蒂安·梅西尔（Louis Sébastien Mercier, 1740—1814），法国戏剧家和作家。其著作《2440 年》是最早期的科幻作品。

路易·塞巴斯蒂安·梅西尔《2440年》中的一幅插图，主人公从一个宣传册上的日期得知，他已经睡了700年

资料来源：美国约翰·卡特·布朗图书馆

景。因此，这本书可谓是对西方未来的一种愿景，也为西方文学发展做出了重大贡献。

梅西尔在很大程度上借鉴了弗朗西斯·培根的未来愿景，即人类会发展成一个致力于科学和控制自然界的社会。与本萨利姆一样，梅西尔设想的未来巴黎，也有一个非常活跃的研究机构，也研发了一系列了不起的创新发明。机构研究员通过杂交，使一些动物的体型增加了一倍，也消灭了瘟疫。他们还发明了一种光学柜，其显示的图景完全由光线构成。同时，他们还创造了各种各样的机器来提高人类移动大型物体的能力，而且机器还能发电。他们甚至复原了历史上已失传的知识，比如古埃及人研发的工程和防腐技术。该研究所的研究目标，让人情不自禁地联想到培根的发展目标。故事里的一位居民告诉主人公："我们的终极目的，是要了解每一个表象产生的奥秘，并扩大人类的统治范围。为了达到目的，需要给人类提供一种可行的方式，能让所有的劳动力都可以提高其控制自然的能力。"

还是和本萨利姆一样，梅西尔笔下的未来法国也不寻求海外扩张。梅西尔认为，海外殖民地只是为了压迫外国人民，而国际贸易只是在牺牲他人利益的情况下，让一部分人富起来而已。因此，他的乌托邦里没有殖民地，而是将经济重心集中在国内。但是，其居民依然会关注世界时事，并且也敢于到国外去，学习可能对其人民有用的新发现。这一点也和本萨利姆一样。与 17 世纪的科学乌托邦相比，这些居民没有当时那么与世隔绝，但是，他们在一定程度上还是享受这种状态的。

但是，梅西尔笔下的社会至少在两个关键节点上更好地反映出当时的思想。第一，在一大批未来小说作家中，梅西尔是第一个设想科技可以促进全球范围内的合作与和平的人。他认为运输和通信技术把人们相互联系起来，而科学更是人类的共同语言。这一观点，已经成为杜尔哥、孔多塞和其他启蒙思想家著作中的一个共同主题。梅西尔故事中的人物解释说，通过允许人与人之间更自由的交流，印刷机展示了一场国与国和睦相处的巨大变革。科学交流也提供了一定的帮助，因为它确保了"一个人的想法也可照亮宇宙"。正因为这些发展，世界上所有的国家都处于和平状态，专注于好好运营政府，而不是试图控制他人。启蒙思想的理性，与科学相结合后，令四海之内皆兄弟。

第二，梅西尔笔下的未来法国，表现出另一种对增长和环境变化的重视。尽管未来的法国摒弃了殖民扩张和国际贸易的发展目标，但其人口规模却翻了一番。梅西尔和其他 18 世纪的思想家一样，将人口增长视为健康社会的标志。因为他在书中说，不仅是法国，而且是整个世界都在蓬勃发展，所以他甚至说伦敦和俄罗斯的人口增加了三倍。他还指出，运河是当时最先进的交通技术。运河水系在法国纵横交错，甚至提供了一条从欧洲北海到地中海的直线航运路线。梅西尔笔下的未来法国，比此书读者当时所生活的法国更大、更繁忙、发展的程度也更高。

1786 年，也是梅西尔为他的书做第二版修订后的 15 年，增长和征服环境成为更受学者关注和讨论的主题。梅西尔之前对贸易和殖民地无比排斥，希望以此方式看到法国成为文明世界的标杆。抛开这点不谈，他当时描述了一个新的未来法国。他希望他的祖国，能通过远洋贸易将自己的影响扩大到全球各地。法国葡萄酒和制造业产品在国际市场上特别受欢迎。法国还控制着埃及、希腊、印度的几个港口、若干岛屿和非洲的大片地区。因为法国的存在，这些地区开始改变。法国人不仅在非洲建立了开明的政府，而且还通过推广传播欧洲的动植物，改变了农村的面貌。而后，欧洲的树木与非洲本土的树木共同生长，让森林覆盖变得又高又密，最后成功地使气候变冷。与此同时，欧洲的马群、牛群和羊群，也得以在绿树遮蔽的阴凉牧场上茁壮成长。在梅西尔这本书修订版的未来，法国人已经按照法国的意象重塑了非洲的环境。

梅西尔在第一版书中，对运河的简短提及导致书中一个章节的重点变成了运河的重要性和影响。运河扩大了通信范围、商业领域和可灌溉土地的面积。因此，得以确保"法国境内不再有沙漠，也不再在贫穷土地上生存的苦难人民"。梅西尔坚信，所有区域的土地都应该用来耕种，而且他还抨击私人乡村公园就是浪费土地空间。其中，有一条运河特别值得赞扬，那就是连接尼罗河[1]和阿拉伯湾[2]的运河，因为它给了埃及殖民地区一个机会，能与欧洲、印度和非洲有贸易往来。梅西尔故事里的人物，在未来时空的经历中指出，这些都是通过机械技艺的创新实现的。他还滔滔不绝地说："我们热爱这些大胆的工程。同时，我们也会向工程师们致敬，因为我们把他们看作卓越的创作人。他们的发明，使我们能够以名留青史和高效实用的方式征服自然。"

因受到三年前巴黎上空飘浮的热气球启发，当时梅西尔本人

1　尼罗河（Nile River），世界第一长河流，源于非洲中部大湖地区，流经埃塞俄比亚、埃及等北非国家后，流入地中海。

2　阿拉伯湾（Gulf of Arabia），又称波斯湾，位于阿拉伯半岛和伊朗高原之间。

也看到了第一次载人飞行，他在书中还增加了一章关于国际飞艇旅行的内容。这一章的开篇，写的是八名中国旅行者从北京乘坐飞艇出发，经过八天的航程抵达巴黎。故事里的人物惊讶地说："抬头一看，我看到一个巨大的机器，在难以想象的城市高空全速前进。"这样的场景，也依然让书中未来的巴黎人兴奋不已，因为人类"已经完全征服大气层"的事实，在当时尚未变成民众习以为常之事。

梅西尔的《2440年》成功地引入了发展型叙事故事，而科森·德·格兰维尔[1]的《最后的人》，则描述了一个灾难故事作为对照。作为一名教师、作家和前牧师，格兰维尔在马尔萨斯的《人口论》出版的同一年也开始写他的故事。《最后的人》于1805年在格兰维尔逝世后出版。虽然有些人发现该书和马尔萨斯的作品一样悲观，但是《最后的人》却被证实是一部更加充满阴暗内容的黑暗作品。与当时的一些人一样，格兰维尔曾狂热地相信法国大革命将带来基督教的千禧年。但是与此相反，这种狂热却演变成了难以言喻的暴力，格兰维尔本人也被关进了监狱，还差点儿被处决。《最后的人》正反映出他的失望和信念的丧失，以及对弥尔顿[2]的

---

1 科森·德·格兰维尔（Cousin de Grainville, 1746—1805），法国作家，其作品《最后的人》（*The Last Man*）是幻想文学的开创性作品，也是第一部描写世界末日的现代小说。

2 弥尔顿（John Milton, 1608—1674），英国诗人，思想家。因以《旧约》为基础创作的史诗《失乐园》（*Paradise Lost*）闻名于世。

《失乐园》和《圣经启示录》[1] 的深入理解。从这些影响中，格兰维尔创作了一部全新又令人恐惧的作品：第一部关于人类末日的小说。虽然他对人口增长的观点与华莱士和马尔萨斯的观点一致，但是他把环境极限视为上帝末世计划的一部分。

在格兰维尔讲述的故事中，结束人类历史的环境末日，源于人类命运和地球之间由神连在一起的关系。上帝在开天辟地之初就颁布法令，只要人类能够繁衍，地球就会维持下去。从那时起，人类就利用其不断增加的知识和对自然力量的控制，在全球各地繁衍。最后，将人类文明提升到新高度，还把地球变成第二个伊甸园。但是，当人类度过了几个世纪的巅峰时期之后，地球就进入了一个预定的老龄化时期。这一概念源于古代的衰老理论，该理论认为自然界会像人一样开始衰老。此时，土壤不再肥沃，田地里除了荆棘之外，几乎没有任何粮食。最后，人类为了争夺越来越少的资源而爆发战争。

当人类绝望地尝试去拯救其赖以生存的自然环境时，运用了大量的科技知识来重塑地球。他们使枯竭的土壤重现活力，把过去被冰雪覆盖的土地解冻，并使得罗讷河[2] 和恒河[3] 等主要河流改道，以培育河床上肥沃的土壤。当这些措施被证实仍不足够时，人类集中力量尽全力进行了有史以来最伟大的工程：把海洋向后推移，

1　《圣经启示录》（*Book of Revelation*），《新约》（*The New Testament*）收录的最后一个作品，写作时间约在公元90—95年。内容主要是对未来的预警，包括对世界末日的预言：接二连三的大灾难，世界朝向毁灭发展的末日光景，并描述最后的审判，重点放在耶稣的再临。

2　罗讷河（Rhône），源于阿尔卑斯山脉，流经瑞士和法国后汇入地中海。

3　恒河（Ganges），源于印度北部喜马拉雅山脉，流经印度和孟加拉后汇入孟加拉湾。

以便在海床上耕种。工程师们用威力巨大的炸药，开凿出庞大的水渠和巨型的内港，并研发出可移动的海堤来帮助控制和遏制水量。但是，人类从未完成这项工程，因为太阳开始变冷，人类的生育能力与地球的繁育能力一样，开始下降。此时，北部地区的居民开始纷纷南逃。截至书中描述的时代，人类社会最后残余的部分，如丝如缕般散落在墨西哥到南美洲的新温带海岸线上。故事的大部分内容，都是关于人类和地球是否能获得第二次生命。结果是不能，此时最终审判日也到来了。

格兰维尔明确指出，虽然地球的衰落是上帝计划的一部分，但人类加速了这一进程。故事中的一个人物声称，人类的"欲望从未得到满足"，而且"由于从自然界获取了太多的东西，他们肆无忌惮地运用自己的能力，而白白浪费了他们的遗产"。另一个人物则回顾了一个"百花齐放"的时代，他还批评祖先们"经常对这种美好的东西无动于衷"，而且"经常拿自己造的东西来犯罪"。当逃离南下的北方人，在南美洲的处女地上，建立他们的殖民地时，他们"砍掉了和开天辟地一样古老的森林"，"把土地一直开垦到山顶，直到最后耗尽了幸福的沃土"，只剩下鱼作为唯一的食物供应。在格兰维尔笔下的未来，就是人类贪得无厌的欲望导致了地球资源开始枯竭的景象。

这个故事展现了格兰维尔对人类和自然世界之间依赖关系的犀利见解。同时，也描绘了对人口增长终点的展望，这一点与罗伯特·华莱士有异曲同工之处。书中的菲兰特（Philantor）是人类历史上最伟大的自然哲学家。当他发现了永生的秘密时，就意识到这会对环境产生影响，因此没有将其推而广之。书中的一个人物说道："他承认，全能的上帝根据地球的大小和其居民的繁殖力，设定了人类的生命期限"，而且"如果人们延长了青壮年时期，地球将无法供养其数量庞大的后代。其后代也将为生存空间而打得你死我活"。太多的人对自然界提出了太多的要求，这将不可避免地加剧与环境极限的冲突。与马尔萨斯一样，格兰维尔坚持认为，上帝就是这样安排的。

在这种情况下，死亡似乎更像是一个礼物而不再是一个诅咒。在故事的最后，地球之灵被关在一个装满科学仪器的地下实验室深处。他绝望地挣扎，想让这个世界苟延残喘地再坚持一下。他唯一的希望，是从地球上最后两个有生育能力的人类那里，把他们的孩子哄骗过来。极度愤怒和失去希望的他，转向正站在他肘边的死神，并批评死神在整个人类时代对人造成的伤害。但是，死神并没有同意他的看法。死神说："如果不是我把地球从过多的孩子中拯救出来，这些孩子会耗尽地球所有的资源……如果不是我，你们所恐惧的世界末日早就发生了。"因为死神忙于工作的缘故，反而以一种荒谬的方式，把原本即将到来的世界末日推迟了，而人类却加快了世界末日的脚步。在格兰维尔笔下的未来，正是人类因其过多的数量和对资源的挥霍，最终带来了万物的终结。

格兰维尔的《最后的人》一书，虽然受到评论者的赞誉，但是并没有太多人读过这部作品。格兰维尔关于人类引起的环境末日的主题对当时其他的未来寓言故事也没有什么影响。现在看来，这个故事主题的意义非常重大，因为它反映了人类早期的焦虑，即人类不断进步和扩张，长此以往将导致何种后果。同时，也强调了人们的观念从把世界末日视为一种纯粹宗教事件，转化为将其想象为一个世俗化的事件。学者们还认为该书将"最后的人"
这一主题，引入文学和艺术范畴中。比如，之后"最后的人"便
出现在拜伦勋爵[1] 1816 年的诗歌《黑暗》（*Darkness*）中。诗歌
中的一个人目睹社会文明崩溃，因为太阳的衰落导致地球结冰。
1822 年，玛丽·雪莱[2] 的小说《最后的人》描绘了一个被瘟疫毁
灭的未来世界，待故事结束时只有一个人还活着。格兰维尔的想
法是，人类可能会自己努力制造出导致世界末日的环境浩劫。但是，
这个想法在一段时间内，尚处于不为人知的状态。

　　相比之下，梅西尔的书反而在西方国家发挥了巨大的影响作
用，因为它传播的是更具吸引力的发展型叙事故事。此书经过无
数次重印，被翻译成荷兰语、英语、德语和意大利语，在整个欧
洲和大西洋彼岸都有不少读者，甚至连乔治·华盛顿[3]和托马斯·杰
斐逊的书架上都有这本书。事实上，《2440 年》已成为 18 世纪最
畅销的书籍之一。直至 1814 年作者去世时，约已售出 6.3 万册。
此书还在法国、德国、丹麦和荷兰掀起了一股未来主义小说的浪潮，
而且这些后期的作品，明显都是受到梅西尔作品的影响。《2440 年》
似乎打开了人们日益增长的好奇心和期待。人们想知道，明天将

1　拜伦勋爵（Lord Byron, 1788—1824），原名乔治·戈登·拜伦（George Gordon Byron），
　　英国诗人、革命家，浪漫主义文学泰斗，被认为是英国最伟大的诗人之一。他最著名
　　的作品是长篇叙事诗《唐璜》（*Don Juan*）。

2　玛丽·雪莱（Mary Shelley, 1797—1851），英国著名小说家、短篇作家、剧作家、随笔
　　家、传记作家及旅游作家，因在 1818 年创作的小说《科学怪人》（*Frankenstein* 或 *The
　　Modern Prometheus*）而被誉为科幻小说之母。

3　乔治·华盛顿（George Washington, 1732—1799），美国独立战争时的陆军总司令。于
　　1789 年成为美国第一任总统，任职到 1797 年，是迄今为止唯一一位获得所有选举人
　　团支持而当选的美国总统。

带给我们什么，同时也期待着科学、技术和增长能为实现乌托邦铺平道路。通过把这种好奇心和期待转化为成功励志故事，《2440年》成功将西方国家追求不断进步和增长之梦具体形象化了。

· 第二章 ·

工业化的故事情节

尽管梅西尔对技术和增长抱有极大热忱，但他笔下的未来世界却几乎没有什么机器。然而，就在不到半个世纪之后，机器就成为构想未来的核心，这导致没有机器的明日设想都是不可信的。作家简·韦伯[1]在她1827年出版的一部畅销小说中，对这一事实表示强烈的赞同。小说中的故事发生在22世纪的埃及，她把尼罗河流域描述成是"汽船在运河上顺流而下，火炉在棕榈树林中高昂着冒烟的头；当铁轨与橘子林交错之时，兴许可以从枣树和石榴的种植园中看到与每一个开凿的煤坑接壤的地方"。在韦伯笔下的未来埃及，正如19世纪上半叶出现的很多其他未来愿景一样，机器以神奇的节奏在全球范围内为发展自然环境提供了动力。

　　造成上述转变的催化剂就是工业革命。18世纪末，从英国开始，西方国家经历了从手工生产到机械化的逐步过渡，以及从使用木材、风和水等可再生能源，到消耗不可再生的煤炭资源的逐步过渡。不同的地方发生工业化的情况有所不同，但大致结果都是产量增加、成本下降、市场扩大、消费增长、人口激增，然后城市开始扩张。到19世纪中叶，西方大部分地区正经历着前所未有的经济

1　简·韦伯（Jane Webb, 1807—1858），英国作家，科幻小说的早期先驱。

增长，而这也是人类历史上第一次因技术变革推动世界经济发展。工业资本主义也带来了一系列社会、经济和环境上的混乱状态，例如贫富差距扩大、城市贫民窟的出现、劳动力去技能化、对立阶层的形成、工业污染、环境恶化等。但是，许多人还是期待着，上升的潮水最终能托起所有的船只。然后人类便可以从一个丰饶的地球上挤轧出物资给大家共用，而且保证产物永远丰收。

在这一时期，发展型叙事故事开始变得更具体了。从一种模糊的环境控制理念，转变为更具体的愿景，人们可以重建一个无限可塑，又物产丰富的自然世界。到 19 世纪 20 年代，人们开始预测人类日后可以控制人口增长与人口扩张，还可以对地球表面和气候做巨大改造。这种预测在经济最发达的国家，已经变得非常普遍。据一位当时的人说，这种快速进步的感觉"甚至蔓延到完全没受过教育的阶层"。在接下来的十年里，未来小说开始作为一种小型但又通俗易懂的文学体裁出现，同时能够为越来越多的读者展示未来的生活。尽管在 19 世纪上半叶，对增长的批评意见开始出现，但因为世界还是让人感觉太大了，导致作家们无法在一个成熟的叙事故事里，融合所有的全球环境浩劫。结果是，机械奇迹似乎给人们一种承诺，人类可以从看起来无边无际的地球上获得无限的富足。因此，从 18 世纪人们对增长和进步的幻想，变成 19 世纪人们对未来的期待。

通往富足的机械化之路

19 世纪初的未来主义小说中充斥着各种机械发明。例如，载着数千名乘客的飞艇统治了天空；蒸汽船；用巨型风筝牵引着设备把海洋拦截成了湖泊；每小时能行驶数百英里的火车让人类最终战胜了时间；机器可以把牧草烘干得更快；机器还能钻出更深的隧道，为城市遮挡恶劣的天气……机器越多，故事就越有未来感。简·韦伯的书中就充满了富有想象力的科技创新，以至于英国著名景观设计师约翰·克劳迪厄斯·劳登[1]，都想方设法地去拜见她。劳登当时甚至以为韦伯是男的。最后，两个人在初次见面那年的年末结婚了。

作家在他们的明日寓言故事中加入神奇的机器，是为了体现故事具有新奇性的价值。这些机器体现的是人类对自然世界的控制，作家甚至毫不犹豫地指出了这一点。韦伯在描述未来英国时写道："有那么多的新发明，有那么多的奇妙发现，有那么多奇思妙想的设计付诸实践，可怜的大自然似乎被人从她的王位上拉了下来，而篡位的人类则站上去取代了她的位置。"人们对未来世界的虚构小说普遍存在一个共识，就是机器能把人类增长和进步的梦想变成现实。

大多数思考未来的人都看到了蒸汽独树一帜的潜力，它也是当时最具变革性的技术。在重塑物质世界和推动扩张方面，蒸

---

1 约翰·克劳迪厄斯·劳登（J. C. Loudon, 1783—1843），苏格兰植物学家、花园设计师和作家。

汽的力量似乎是无穷无尽的。伟大的法国科学家弗朗索瓦·阿拉戈[1]，在纪念詹姆斯·瓦特[2]的演讲中表示，因为瓦特对蒸汽机做了重要的改良，所以他预测未来人类会因为有了蒸汽机，而从自然界的束缚中解放出来。他声称：只要掌握了这种力量，人类就可以开发更多的土地用于耕种，种植更多的食物，增加人口，扩大城市，让精致的豪宅布满地球各处，甚至住到那些过去认为不适合人类居住的地方。阿拉戈向他的听众保证，我们的后代将记住这个时代——瓦特时代。

因为可以应用蒸汽技术的行业迅速增加，所以早在 19 世纪 20 年代，就出现了对未来蒸汽技术的初级仿制。在其中一个未来故事里，为了加快运输效率，人们通过使用蒸汽动力的大炮，把邮件从一个城镇发射到另一个城镇。另一个未来世界则以"蒸汽音乐会"为特色，音乐会的表演者是以蒸汽为动力的机器，它们的精湛技艺比人类还要好，而且不会受到"感冒、失声和支气管炎"的影响。还有一个未来世界的舞厅，客人能够在不移动脚的情况下跳卡德利尔方阵舞[3]：他们只需站在地板的圆圈上（男士为蓝色，女士为粉红色），而蒸汽动力圆圈则按照已设定的模式带着他们翩

---

1 弗朗索瓦·阿拉戈（François Arago, 1786—1853），法国数学家、物理学家、天文学家和政治家，曾任法国第 25 任总理。他的学术成就主要在磁学和光学方面。他支持光的波动学说并在实验中观察到了泊松光斑。

2 詹姆斯·瓦特（James Watt, 1736—1819），英国皇家学会院士，爱丁堡皇家学会院士，苏格兰著名的发明家和机械工程师。他改良了纽科门蒸汽机，奠定了工业革命的重要基础，是工业革命时期的重要人物。他提出马力的概念，此后人们以他名字作为功率的国际标准单位——瓦特。

3 卡德利尔方阵舞（Quadrille），流行于 18 世纪末和 19 世纪的欧洲及其殖民地的舞蹈，是由四到六对男女组成的队列群体舞。

约瑟夫·格兰维尔"蒸汽音乐会"一画，收录于他的《另一个世界》（*Another World*）一书中。画中一只人手在画面的左下角打开了蒸汽，剩下的就是机械技术在演奏了

资料来源：美国盖蒂研究所

翩起舞。

此时，英国插画师也加入到对未来的设想中，他们以滑稽可笑的方式借用当时的尖端技术展现设想的未来世界。亨利·阿尔肯[1]的插画描绘了伦敦的道路和公园里挤满了各种眼花缭乱快速移动的蒸汽汽车。这些蒸汽汽车令空气中弥漫着烟雾，偶尔也会失控或爆炸。查尔斯·詹姆森·格兰特[2]所画的 2000 年的场景，则描绘了一组相互连接，而且能移动的房屋。人们可以通过铁路载着这些房屋旅行，还能用固定在背上的机械翅膀做短途飞行。而威廉·希斯[3]的系列画作则描绘了一个可以直接前往印度旅行的真空管，一匹足以容纳五个骑手的蒸汽动力马，以及能做各种家务的机器。大多数描绘未来世界的插画师，都在天空中画满了各种可以想象到的飞行装置，一般都是由气球、风筝、蒸汽或三合一组合，保持在高空的状态。

民众对技术改进速度的信心如此之高，以至于读者很容易被愚弄，而相信人类已经取得了进步，但事实并非如此。1844 年 4月，纽约《太阳报》（*Sun*）在头版刊登了一篇文章。文章说，不久前一个载人气球首次穿越了大西洋，而且只用了 75 个小时。这

1　亨利·阿尔肯（Henry Alken, 1785—1851），英国画家、雕刻家，主要绘制体育题材和训练场景的漫画和插图。

2　查尔斯·詹姆森·格兰特（Charles Jameson Grant, 1830—1852），英国艺术家、插图画家，最杰出的作品是一系列 131 幅木刻政治讽刺画组成的《政治剧》（*The Political Drama*）。

3　威廉·希斯（William Heath, 1794—1840），英国艺术家，因其出版的版画、漫画、政治漫画中包含对当代生活的评论而出名。

篇文章是埃德加·爱伦·坡[1]匿名撰写的一个恶作剧。他利用气球在实际航行中一些真实可信的细节，杜撰了一个直到1978年才能真正实现的旅行。许多读者都深陷进步的理念之中，而且渴望了解人类进步的故事。爱伦·坡认为那些更聪明的人尤是如此。而且，这些读者会毫不怀疑地相信小说的内容。爱伦·坡后来写道，太多人想要这份报纸，导致"太阳报大楼周围的整个广场被围了个水泄不通"。

对新发现的迷恋，其中一部分源于人们逐步相信，实用的或者"有用"的知识可以增强国力。早在1774年，英国就颁布法律，阻止棉花机出口，也禁止掌握该设备工作原理的工匠移民。因为，棉花机被誉为英国经济的摇钱树。后来，国家权力所控制的传统资源，明显正经历着更大范围的转变。一位美国未来主义者在1833年写道，"从今以后，赋予一个国家力量的不再是人类的手臂，或人口数量，也不再是个人的胆识和勇气，或者军事指挥官的才能，更不是地理位置的优势，而是人类的智慧，尤其是对实用性事物的丰富知识"。法国乌托邦主义的克劳德·亨利·德·圣西蒙[2]也同意这个观点，因为他期待着，有一天世界上所有的公民，都会把权力赋予以技术治国的精英。

然而，工业化和机械化真正给予人类的承诺是实现物质富足。

1　埃德加·爱伦·坡（Edgar Allan Poe, 1809—1849），美国作家、诗人、编辑与文学评论家，被尊崇为美国浪漫主义运动重要人物之一。他的悬疑及惊悚小说最负盛名，也是美国短篇小说的先锋作家之一。

2　克劳德·亨利·德·圣西蒙（Claude-Henri de Saint-Simon, 1760—1825），法国商人、哲学家、经济学家、空想社会主义者。

人们大多希望把机械化生产用于地球的自然资源，如此便可生产出大量的物质财富，因此人类的大多数问题都会消失不见了。当商品便宜到几乎免费时，为什么还要偷别人的东西？当你的国家到处都是丰富的资源时，为什么还要与另一个国家打仗？当每个人都能过上富人的生活时，为什么还要嫉妒你的邻居？当财富对每个人来说都唾手可得的时候，为什么还要为了致富而进行唇枪舌战？在这样的未来世界里，金钱和私有财产可能变得完全没有存在的必要，而且大多数冲突在开始之前就会结束。

对物质富足的承诺，不只吸引了资本主义者，还吸引了乌托邦社会主义者，他们也是早期的一批社会主义思想家。乌托邦社会主义者认为资本主义是失败的，但他们对工业化生产产生的效益很感兴趣。在英国，罗伯特·欧文[1]主张在农村创建工业示范区。他同时认为若组织得当，工业可以产生更多的财富，"比地球人口所需的，或者说能让人随时用上的还要多"。在法国，艾蒂安·卡贝[2]根据他在《伊卡利亚游记》中描绘的虚构乌托邦，发起了一场民众运动。他向读者保证，"依靠蒸汽和机器，目前无限的生产力，可以保证人人平等的富裕水平"。在社会主义社会的指导下，工业化可以使人类获得自由。

社会主义的继承人卡尔·马克思（Karl Heinrich Marx）和弗里德里希·恩格斯（Friderich Engels）也期待着通过科技进步的推

1　罗伯特·欧文（Robert Owen, 1771—1858），英国威尔士纺织品制造商、慈善家、社会改革家，乌托邦社会主义者与合作社制度概念的提倡者。

2　艾蒂安·卡贝（Étienne Cabet, 1788—1856），法国哲学家和空想社会主义者，他的《伊卡利亚旅记》（*Travels in Icaria*），提议用工人合作社代替资本主义生产。

动作用而产生一个史无前例的富足世界。他们对共产主义未来发展的预言，也将成为有史以来最具影响力的明日愿景之一。但预言也表现出，他们对增长引发的危害环境而产生的恶果有了更多认识。马克思和恩格斯担心会发生土壤恶化、森林枯竭、水污染和空气污染等问题。同时，他们还认识到在急于发展的过程中，剥削工人和剥削自然之间的关系，并明确指出人类有责任给下一代留下更好的环境，而不是留下挥霍一空的地球。然而，马克思和恩格斯依旧秉持着一个错误的理念，他们认为破坏环境的行为主要归因于资本主义，而社会主义社会，将能够以更可持续的方式管理环境。当社会主义国家终于在 20 世纪出现时，他们对待自然界的做法，被证明与资本主义国家一样具有破坏性。

许多乌托邦社会主义者在看待未来的时候，也隐含着一丝对消费的批判。这也是工业生产化的另一面。尽管他们全身心地接受工厂，但是卡贝和欧文还是预见到，人类可以过相对简朴的物质生活，不过这样的生活并不像早期的科学乌托邦那样清苦。法国的乌托邦社会主义者夏尔·傅立叶[1]，则对工业扩张的迷恋要少得多。他更直截了当地攻击日益增长的消费文化。傅立叶也驳斥了占主导地位的经济思想，即"如果能让每个人穿的衣服比现在穿的多四倍，那么社会从制造工作中所获取的财富将翻两番"。取而代之的是傅立叶希望通过以下方式保持低消费水平：第一，从个人家庭消费转向更高效的公共消费，他认为此举也能减少浪费；

---

1 夏尔·傅立叶（Charles Fourier, 1772—1837），法国著名哲学家、经济学家、空想社会主义者。

第二，生产高质量产品，让人们不需要经常置换。虽然工业化能有助于确保每个人都有足够的东西，但是在社会主义的乌托邦中，用于消费目的的则少之又少。

然而，在资本主义范围内，情况并非如此。资本主义认为增加消费具有更为积极的含义。到 19 世纪中叶，经济学家对资源利用的理解，是建立在人类需求无限化的假设上。这种想法，加之对持续增长可带来无限富足的期待，共同表明了增加个人消费是有积极之处的，因为它可以促进进步。伦敦作家和律师迈克尔·安吉洛·加维[1]曾写道："一个民族对人造物品需求的数量，以及对舒适度构成的评估，这两者是衡量该民族从野蛮阶段到进步时期，达到何种标准的一贯正确的方法。"因此，任何抑制物质需求的企图都是"恶毒的错误"。因为这会"毁灭科学，便饥饿摧毁所有艺术，商业活动彻底终结，然后从地球上抹去文明的每一点痕迹"。增长驱动的消费行为开始与文明联系在一起，而否定与野蛮行为有任何关系。这帮助西方国家摆脱了经典的自给自足的乌托邦，走向了一个全新的物质富足的乌托邦愿景。

安居并改造地球

由于机器带来了无尽的物质财富，因此很容易让人相信，人类已经摆脱了传统意义上的人口极限。傅立叶曾根据无比详尽的

1　迈克尔·安吉洛·加维（Michael Angelo Garvey,？—？），19 世纪英国作家、律师，著有《无声革命》（The Silent Revolution）等作品。

细节推导未来的情景。他随口即称，地球人口将在 30 亿至 50 亿人时达到"满员"。一位德裔美国人的乌托邦主义者约翰·阿道弗斯·埃茨勒[1]根据自己设定的理想状态，维持一个人所需要的土地数量，对地球的承载能力进行了更仔细的计算。埃茨勒将他的估算区间限定在北纬 30º 和南纬 30º 之间的地区，由此计算出地球可以养活一万亿人。但是，他认为这个数字还是比较保守的，因为通过人类对自然界运行规律的进一步掌控，实际数字可能会更高。澳大利亚、非洲和美洲居住区域的密集程度并不高，再结合美洲地区的实际情况，这些数字让人感觉比以往更加可信。

小说作家也同样渴望看到人口的扩大。比如卡贝这些人，就高估了未来人口的增长速度。他所虚构的伊卡利亚岛，人口在 50 年内就翻了一番。这一增长率远高于全球人口增长率，甚至远高于卡贝出生的法国实际的人口增长率。其他作家的相关预测也不准确。他们预测的增长率在当时听起来是很不可思议的，但这些预测要么与现实不符，要么比预期发生的时间早了许多。1810 年的一部法国小说描绘了一个世纪后的世界，那时的世界人口增加了三分之一。这其实是把当时真正的增长数量低估了一半。1821 年的虚构作品里，就有一份据称在 4796 年发行的报纸，其中的一则剪报说道：纽约市的人口为五百万。实际上，纽约在 1920 年以前就达到了这个人口数量。然而，大多数人都认同的是，无论未来的实际人口数字是多少，托马斯·马尔萨斯的警告都可以置之

1　约翰·阿道弗斯·埃茨勒（John Adolphus Etzler, 1791—1846），美籍德裔工程师和发明家，技术乌托邦支持者。

不理。

明日寓言，常以殖民化和城市扩张的景象来说明未来人口增长。卡贝笔下的伊卡利亚人，就为安置其过剩的人口而专门开发了殖民地。与此同时，1920 年前后，后人以莫尔斯比勋爵[1]为主角所写的虚构回忆录中就说道："未来的英国已经购买了哥伦比亚的部分地区，因此就不必再把其他的移民'送到加拿大的森林和雪地里去做迷途的羔羊了'。"而伦敦这样的城市，则被描绘成已经极度扩张的景象。另外一则关于未来俄国的报道，就设想俄罗斯最靠近欧洲的地区，发展成了一个统一的超级城市。一位在该地区上空飞行的游客说道："传说中这里曾经有两个城市，一个叫莫斯科，另一个叫圣彼得堡。两个城市之间被一个巨大开阔的平原分隔开。"

最终，激增的人口将会把地球表面的每一寸土地都利用起来。1824 年，俄罗斯作家法代·布尔加林[2]描述了经过一千年的人口扩张之后，世界可能是什么样子。布尔加林笔下的一个居民说道："目前，已经没有土地是无人居住的了：整个地球都是人，地球在人类的双手下变得肥沃，到处都有点缀和装饰。人类已经繁殖到令人难以置信的程度。由于人们四处搬运土壤，或者用岩石制成土壤，即使是海洋中光秃秃的岩石，也变成了繁茂的花园。"这样的预言并没有预想到人们的生活会出现拥挤不堪的情况。加维则预想欧洲会把居民迁移到人口稀少的地区，他也明确希望人

---

1 莫尔斯比勋爵（Lord Moresby, 1786—1877），英国皇家海军元帅。
2 法代·布尔加林（Faddei Bulgarin, 1789—1895），俄罗斯作家、记者和出版商。他振兴了俄罗斯小说，并出版了第一部俄文戏剧年鉴。

口密度能够降低。但是脱离人创造的物品,将再也不可能了。

通过建造浮动岛屿,甚至连海洋表面都将成为人类的家园。虚构小说里,分布着各种不同的居住岛。有一座布满山丘、树木和房子且大小适当的岛屿,岛民只有一位老人,而且岛屿是由几条鲸鱼拉动着的。还有一个绵延几公里长的"宏伟的漂浮村",在世界范围内巡游。它可以为每个乘客提供一个私人小屋、农场和菜园。更加天马行空的故事,还要数埃茨勒的作品。他描述道,希望未来会有一组近乎真实的人工岛,这些人工岛将由"原木或木质品,以类似造石头岛的方式建造,同时岛上也有活的树木。这些树木经过培育以后,它们相互交织着生长在一起,以强化岛屿的整体结构"。在这些植物地基上面,会建造建筑物、机器和花园。蒸汽机可以推动岛屿前进,还能将海水转化为饮用水。每座岛屿可以容纳上千个家庭,人们可以在海上旅行去寻找贸易机会和最适宜的居住气候。

在整个地球上安居,也意味着要以前所未有的方式改造地球。当时的文学作品中就充满了各种宏伟的计划。人们要把阻断交通的山脉夷为平地,再抬升出新的山脉以供观赏。人们还挖掘山谷,建造湖泊,排干沼泽,加深出海通道,进入深不可测的矿井和水井,用道路网覆盖地球。傅立叶相信,社会主义下的乌托邦社区,可以通过集中所需资源,再组建一个庞大的"工业军队"来完成这些壮举。多达1 000万或2 000万的劳动力,将进行大规模的自然改造工程,比如土地改良、森林再造,甚至撒哈拉沙漠的绿化。他写道:"这些军队不是在一场战役中摧毁了30个省,而是建造了30座桥梁,铲平了30座高山,挖通了30条灌溉渠,排干了30

片沼泽地。"简·韦伯的故事也发生在这样的时代下："整个地球发展到了种植业的至高水平；地球的每一个角落都被探索过；山川被铲平，矿藏被挖掘，地球甚至被开发到了地心。"事实上，在她写的未来英国的地表下，土地已经被完全挖空，以至于任何东西掉到地上，都会产生像击鼓声一样深沉的回响。

随着这些未来场景中人口的不断增长，人类将不得不用经济植物取代所有不能为人类提供价值的绿色植物。梅西尔笔下的未来巴黎人，已经将公共人行道两边的榆树和栗子树换成了果树。在卡贝的伊卡利亚岛上，农民乐于自卖自夸：他们的田地里没有一棵无用的树木或树篱。书中的一个游客说道："只要任何地方的一棵果树，比其他东西更有用，那么你肯定会看到另一棵同样的果树。"通过充分利用每一寸土地，伊卡利亚人把农业用地的面积增加了一倍，粮食产量增加了12倍。为了重塑地球以支持人类的生产与增长，即使是那些打算用于休闲的区域，或者位于耕地边缘的区域，也没有一块能逃脱被竭力使用的命运。

与梅西尔的乌托邦一样，人们能在19世纪初对未来的幻想中，找到运河的一席之地。1810年，德国作家朱利叶斯·冯·沃斯[1]将21世纪的柏林想象成一个重要的港口城市，即使柏林距离海边的实际距离约129公里。沃斯笔下的柏林通过拓宽并加深河流和运河，更容易通向深水水域。然后，工程师们就利用挖渠挖出来

---

1 朱利叶斯·冯·沃斯（Julius Von Voss, 1768—1832），德国作家，著作《伊尼：来自21世纪的小说》（*Ini. Ein Roman aus dem ein und zwanzigsten Jahrhundert*，英语：*Ini. A Novel from the 21st Century*）被认为是德国第一部科幻小说。

的材料，加高了易北河[1]沿岸的山峦，以达到优化景观的目的。傅立叶是预见苏伊士运河[2]和巴拿马运河[3]建造的学者之一。他预测运河还将连接咸海[4]和里海[5]以及亚速海[6]，还能连接加拿大魁北克省与北美五大湖。另一个虚构的未来世界，则包括一个从安提俄克[7]到幼发拉底河[8]的运河系统，该系统将连接地中海和波斯湾。

在未来世界的愿景中，布满纵横交错又耗时耗力建造的运河系统，人们是通过真实的报告和建议书找到这个线索的。其中最被人们广而论之的是亚历山大·冯·洪堡[9]于1811年发表的一份研究报告。洪堡是一位德国自然科学家，后获得诸多赞誉。洪堡研究了九条有建造可能的运河路线，可以穿过中美洲连接大西洋和太平洋。他最终得出结论：穿越尼加拉瓜的建造路线将是可行性

1　易北河（Elbe River），源于捷克、波兰交接的苏台德山脉，流经捷克、德国后汇入北大西洋北海海域。

2　苏伊士运河（Suez Canal），位于亚洲和非洲交界的苏伊士地峡，连接地中海和红海，实现欧洲和亚洲之间的水运。

3　巴拿马运河（Panama Canal），位于中美洲的巴拿马，横穿巴拿马地峡，连接太平洋与大西洋。

4　咸海（Aral Sea），中亚的一个内陆咸水湖，位于哈萨克斯坦和乌兹别克斯坦交界处。2010年已大致干涸。

5　里海（Caspian Sea），世界最大的内陆湖，位于欧洲和亚洲之间，与哈萨克斯坦、俄罗斯等国接壤。

6　亚速海（Sea of Azov），黑海北部的一片陆间海，北面是乌克兰，东面是俄罗斯，南有刻赤海峡与黑海连接。

7　安提俄克（Antioch），古代城市，遗址位于现土耳其南部安塔基亚市。

8　幼发拉底河（Euphrates River），源于土耳其安纳托利亚山区，流经叙利亚、伊拉克，汇入波斯湾。在历史上这条河流是文明起源地之一。

9　亚历山大·冯·洪堡（Alexander von Humboldt, 1769—1859），德国自然科学家、自然地理学家，近代气候学、植物地理学、地球物理学的创始人之一，被誉为现代地理学的金字塔和现代地理学之父。英国皇家学会外籍会员。

最大的。这个庞大的改造项目引发了公众的无限想象。这项技术的成就也标志着人类帝国的重大胜利，因此增加了民众的兴奋之情。1827 年，年迈的德国作家约翰·沃尔夫冈·冯·歌德[1] 很是失望，因为他自己活不到洪堡所设想的大规模运河建成的那一天。他写道："为了这个目的，哪怕再多熬五十年也值得。"

有许多未来学家还预计，人类的扩张会产生更温暖的气候，从而减少极端低温对人类的影响。当时的一个普遍看法是，清除森林和沼泽湿地，然后扩大农业，可以使气候更加温润。在美国和加拿大，这种改变似乎已经在进行中。如果在一定区域范围内实现变暖可行的话，那么在大陆乃至全球范围实现变暖也是可能的。考虑到这一点，德国作家库尔特·鲁赫[2] 于 1800 年写了一部作品，描绘的是 500 年后的未来——因森林的减少和沼泽的填平而使得他的祖国——德国的气候"极其舒适、温和"。人们能够种植柠檬、橙子和杏仁树，也能种常见的栗子树、桦木和冷杉。法代·布尔加林笔下的故事则发生在一千年后的西伯利亚。人们通过同样的改造过程，把西伯利亚变成了热带地区。已经融化的北极不仅成为主要的交通路线，而且北方地区的气候变暖，把地球内部的热量引向北方，从而改变了全世界的气候。书中的一位未来的历史和考古学教授解释说："现在寒冷的地区在印度和非洲，而极地则成为地球上最富有和最肥沃的地方。"

---

1 约翰·沃尔夫冈·冯·歌德（Johann Wolfgang von Goethe, 1749—1832），德国戏剧家、诗人、自然科学家、文艺理论家和政治人物，魏玛时期古典主义最著名的代表。

2 库尔特·鲁赫（A. K. Ruh, ?—?），德国作家，著有《围绕未来骨灰盒的吉兰特人》（*Guirlanden um die Urnen der Zukunf*）。

傅立叶创设出了一种更复杂的气候变化理论，该理论颇有先见之明，但也怪异无比。他同样预测，如果人们继续向新地区开发种植业，就会使地球该部分地域变暖。但是，一旦耕种区到达北纬 65º，也就是哈德逊湾[1]以北，傅立叶则预计北极地区的极光将聚合成一个冠状。人类的耕种区和极光之冠所反射的热量，将融化北方地表的冰盖，并且使温度上升到能够让人在西伯利亚和加拿大北部定居的水平。因此，靠近赤道的土地也会变得更温润，不过南极无法从极光之冠得到好处，所以仍会持续寒冷。来自日渐温暖的北方的热量，也将极大地改变全世界海洋的构成，海洋酸性将大幅上升，最终尝起来会有柠檬水的味道。最后的这个说法被批判傅立叶的评论家们不厌其烦地引用。傅立叶的科学——如果这也可以被称为科学的话——当然是完全站不住脚的。但是，他对世界气候变暖、极地融化和海洋酸化的预测，却出人意料地接近 21 世纪的现实情况。

比较少见的是，作家可能会建议使用更多的技术手段令气候变暖。19 世纪 30 年代末，俄罗斯作家弗拉基米尔·奥多耶夫斯基[2]设想，到了 4338 年，俄罗斯人会用一组巨大的管道系统，把温暖的空气从赤道输送到北纬地区。这些空气可以用来加热室内外的空间。与此同时，那时俄罗斯的工业主义者也会开始与中国人谈判，把冷空气输送到北京的街道。对未来气候可以更温暖的期望是如此普遍，以至于一些作者甚至懒得解释前因后果。例如，

---

1 哈德逊湾（Hudson Bay），加拿大北部海湾。
2 弗拉基米尔·奥多耶夫斯基（Vladimir Odoevsky, 1803—1869），俄罗斯杰出哲学家、作家、音乐评论家、慈善家和教育家。

法国作家就不经意地提到，未来的巴黎"将享受与那不勒斯[1]差不多的温度"。虽然在 20 世纪末，人们会发现自己对气候变暖将感到无比震惊，但是在 18 世纪末和 19 世纪初的时候，许多人都期待甚至盼望着气候变暖。

人类新获得的控制自然的力量，使人们能够培育出更多有实用价值的动植物种类。在弗朗西斯·培根的影响下，卡贝笔下的一位农民吹嘘他的蔬菜大小增加了三倍，还有新品种的牛羊。这些牛羊"就像我们的谷物、蔬菜、水果和花朵一样，和以前的品种没有太多的相似之处"。奥多耶夫斯基设想人们通过把现有品种嫁接在一起，然后创造出不同种类的水果。他的故事的主角是个去俄罗斯游玩的中国学生。这个中国学生说："我发现有一种介于菠萝和桃子之间的水果，没有什么水果能与之媲美。我还发现无花果长在樱桃树上，香蕉长在梨树上。可以说，俄罗斯园丁发明了多少新品种，简直难以计数。"傅立叶算是个极其古怪的预言家，他不仅期待着动物育种技术的进步，而且还预测了人们能驯化斑马、海狸、驯鹿和其他野生动物。

人们产生了一个新的想法：那些让人讨厌的，或者不再有实用价值的动物，可能会被赶尽杀绝。因人类活动导致某些种类的动物永久灭绝，这二者之间的联系，对前几代人来说并不重要。大多数人都认为，上帝创造的任何生物都不可能完全灭绝。但是，化石提供的证据恰恰证明出一个不同的结论。到 19 世纪 20 年代，大多数科学家都接受了这样一个观点：整个世界里，大部分不为

---

1 那不勒斯（Naples），意大利南部第一大城市。

人知的动物都曾经存在过，但后来都灭绝了。傅立叶早在 1808 年就已预言，未来的人类将把最有实用价值的水生物种带到未受影响的水域中，从而将它们从酸化的海洋中拯救出来，而让那些没有价值的物种彻底灭绝。卡贝的伊卡利亚人则采取了更直接的方法：他们把栖息地改造成生产用地，然后消灭了大部分本地野生动物，并通过组织一个全国大型狩猎日活动，来消灭剩余的鸟类和害虫。

更常见的未来预言是，当人类以蒸汽为动力运输，将导致马匹的消失。马匹的灭绝出现在几部短篇小说中，而且经常在讽刺漫画和喜剧歌曲中被用来做逗笑的包袱。在机械迅速进步但马匹仍然不可或缺的时代，人类有一天会产生不再使用马匹这样的想法，看起来当然是既合理又有点可笑。在奥多耶夫斯基笔下的未来，马匹还是避免了被灭绝的命运，但只是因为人们把马匹培育成哈巴狗大小，作为宠物养着罢了。一旦开始了改造，马就成为未来被人类彻底改造的动物种群的一部分。奥多耶夫斯基笔下的中国学生惊叹道："有多少物种已经从地表消失了，或者形态已经改变了！"

煤炭的极限

在工业化早期就构想着遥远未来的人，很少像格兰维尔那样，担心全球增长存在极限。那时的人们极少担心人口过剩或发生全球范围的资源枯竭，不过在法代·布尔加林笔下，1 000 年后未来世界的故事里，关于森林乱砍滥伐的简短段落却成了一个例外。

他写道：橡树、松树和桦木的价值超过了黄金和白银，"因为我们的祖先没有任何先见之明，他们对树木的生长和保护也毫不关心，所以毁掉了森林。最后，这些树就成了稀世珍品和高价物品"。但是，树木变得愈加珍贵的情况似乎只造成了些许的不便，因为人类直接改用铁作为主要的建筑材料了。

而有一种资源则会引发大众对它枯竭的恐惧，那就是煤炭。煤炭给西方的机器和发展之梦提供了主要的动力能源。几个世纪以来，在被誉为工业革命摇篮的英国，煤炭生产的速度一直在加快。到了 19 世纪 50 年代，煤炭产量达到了 100 年前的 14 倍，煤炭占英伦群岛上所有能源消耗的 92%。这意味着传统有机能源的经济模式遭到了重创。这种传统经济模式，依赖于太阳能给有机生物提供能量，比如植物和以植物为食的动物，因此具有显而易见的发展局限性。但是，煤炭挖掘的是过去几个地质时代所储存的太阳能，因此得以让经济摆脱这种局限。所以，工业革命是不同于人类历史上大多数经济扩张的，因为其他类型的发展最终都逐渐停滞了。但是，这一次在煤炭的推动下，人类的扩张将继续下去。

煤炭在西方文化中占据了极其特殊，又近乎神秘的位置，因为它似乎是西方战胜自然的力量之源。阿拉戈曾写道："通过几蒲式耳[1]煤的帮助，人类将彻底征服各种元素；人类可以在无风时玩乐，又能在逆风和风暴中戏谑。"美国哲学家拉尔夫·沃尔多·爱

---

1 蒲式耳（Bushel），又称英斗，是英制容量和重量单位，主要用于称干货重量，1 蒲式耳 = 35.24 升。

默生[1]也曾说过，煤炭是工业社会的精华。他写道："我们可以称其为黑钻石，而每个篮子装的都是力量和文明。煤炭也是一种可移动的暖气片。它把热带地区的热量带到加拿大拉布拉多[2]地区和极地圈内；而且哪里需要煤，煤就把自己运送到那里去。"即使烧煤的工厂和铁路发动机喷出滚滚浓烟，覆盖了建筑，使人们肺部变黑，它也成为最受人们欢迎的能源，也是人类进步的象征。历史学家刘易斯·芒福德[3]很快就抓住了煤炭在当时社会中的核心地位，他后来写道："煤炭的臭味，其实是新工业主义的香火。"

然而，煤炭有一个早期有机能源（如木材和水资源）所不具备的弱点：它是不可再生的。因此，富足之梦几乎立即让人又产生了一种对资源短缺的恐惧。这让广大民众产生了一种想法：资源是会枯竭的，随之而来的可能就是社会崩溃。早在1789年，矿业工程师和自然历史学家约翰·威廉姆斯[4]就对英国的煤炭储量做了研究，并且预测煤炭资源最终将会枯竭。他认为，在过去的80年里，英国已经挖光了一半的可用煤炭，如果不能合理利用剩余的储量，将导致资源的完全枯竭甚至英国社会的崩溃。最后，商业和制造业将无法运行，城市将成为"废墟"。到那时，"这个岛屿的未来居民，就必须像岛上的第一批原始居民一样，靠捕鱼和

---

1 拉尔夫·沃尔多·爱默生（Ralph Waldo Emerson, 1803—1882），美国思想家、文学家，美国文化精神的代表人物，超验主义思想的代表。

2 拉布拉多（Labrador），位于加拿大东北部大西洋沿岸，与纽芬兰岛组成加拿大的纽芬兰与拉布拉多省。

3 刘易斯·芒福德（Lewis Mumford, 1895—1990），美国历史学家、科学哲学家、文学评论家、作家。他因对城市和城市建筑的研究而闻名。

4 约翰·威廉姆斯（John Williams, 1732—1795），英国矿业工程师、自然历史学家。

打猎生活"。法国官员认为英国煤炭的储量并不多，而且已经在减少，一些苏格兰人主张种植更多的树木，以防有一天煤矿被开采殆尽。然而，其他一些人，例如苏格兰经济学家约翰·雷姆斯·麦克库洛赫[1]则认为没有必要那么担心。麦克库洛赫在1837年写道，仅南威尔士的煤田，就可以"在大多数其他煤田枯竭之后，依然供应英国2 000年的需求"。当然，类似的辩论从未结束。但是，煤炭最终会枯竭，已成为一种社会普遍预期，也是未来寓言的一个常见主题。

一部分人已经在展望下一个能源领域。埃茨勒认为，煤炭短缺，让财大气粗的工业家垄断了能源供应。因此，有必要在市场结构之外，寻找一种可自由开采又能无限供应的能源。他的研究，让他找到了我们今天所说的可再生能源：风能、潮汐能和太阳能。埃茨勒在1833年写道，他主张成立以会费制运作的协会。协会可以建造风车，开发将潮汐能转化为动能的机器，并建造能集中阳光的镜子给蒸汽机烧水。埃茨勒相信他已经找到了圣杯[2]：能为社会发展的机器提供免费又无限供应的动力，以此让人类能充分开发地球资源，并在基于傅立叶思想而设计的社区中舒适地居住。埃茨勒笔下的未来将不是单纯的富足，而是"超级富足"。但无论好坏，埃茨勒的发明，在公众演示的时候都失败了，所以煤炭仍

---

1 约翰·雷姆斯·麦克库洛赫（John Ramsay McCulloch, 1789—1864），英国经济学家、作家、编辑。

2 圣杯（Holy Grail），公元33年，耶稣受难前的逾越节晚餐上，耶稣遣走加略人犹大后吩咐11个门徒喝下杯子里象征他的血的红葡萄酒，由此创立了圣餐礼。后来很多传说相信这个杯子具有某种神奇的能力，如果能找到这个圣杯而喝下其盛过的水就将返老还童、死而复生并且获得永生，这个传说后来被很多文学、影视、游戏等作品引用。

然是能源之王。

但是，进步的理念表明，上述的担心是没必要的，因为找到煤炭的替代品，只是时间问题。因此，小说家们为了解决这个问题，经常只是简单地发明一种前所未有的加工工序或者材料。卡贝的伊卡利亚人就发现了"索洛布"。这是一种比煤炭储量更丰富的原材料，它可以产生比蒸汽动力更强大的"化学剂"；布尔加林的社会，则依靠一种直接从大气中生产的"照明气体"；玛丽·格里菲斯[1]的未来美国，采用的是一种比蒸汽更安全的不明"动力"。甚至英国经济学家威廉·斯坦利·杰文斯[2]也是如此，他生活在现实世界中，但推测有一天"可能会发现一些现在未知的能源资源"。对于煤炭资源枯竭的恐惧，往往对应着人类的自信：人类的聪明才智，或大自然本身，总会在时机成熟时解决这个问题。

即使有些人接受英国最终会耗尽煤炭资源的观点，但是他们也不一定会主张保护现有的煤炭储量。杰文斯的《煤炭问题》(*The Coal Question*) 出版于 1865 年且读者众多。他在书中主动将托马斯·马尔萨斯的人口理论延伸到资源上。他警告，国家可开采的煤炭供应是有限的，如果消费持续以指数级增长的话，就仅能再维持 110 年的供应。那人们该怎么做？杰文斯认为资源枯竭是不可避免的，所以他提出了两个解决办法。英国可以继续追求经济增长，

1　玛丽·格里菲斯 (Mary Griffith, 1772—1846)，美国作家、园艺家、科学家。其著作《三百年后》(*Three Hundred Years Hence*)，是第一部美国妇女的乌托邦小说。

2　威廉·斯坦利·杰文斯 (William Stanley Jevons, 1835—1882)，英国著名经济学家和逻辑学家。其著作《政治经济学理论》(*Theory of Bolitical Economy*) 中提出了价值的边际效用理论。

也可以减缓甚至缩减其扩张的进度。他在书中写道："在短暂的伟大与长时间一直碌碌无为的状态之间，我们必须做出极其重要的选择。"对杰文斯来说，选哪个是很明确的。英国历史上的成就，正是建立在对能源挥霍无度的使用上。英国认为她还有数之不尽的文明献礼要带给这个世界，而文明的火炬最终会传到其他尚未开发煤炭储备的国家的手中。鉴于英国有给世界献礼的意愿，杰文斯选择追求短暂的伟大。他建议这种伟大应该建立在持续增长的基础上，而任何其他无法维持增长的做法，都不能说是进步。

静止状态

至少，社会上还有一个群体，他们对经济和人口增长可以永远持续下去这件事心存怀疑。这些人就是经济学家。18 世纪末和19 世纪初，人们之所以能看见政治经济学的发展，正是因为经济学家们在竭力地研究工业革命、欧洲经济增长加速，以及西方经济快速转型的现象。他们的研究领域所形成的思想流派，今天被称为古典经济学。古典经济学认为，经济及其作用的社会现状，可能处于扩张的三种阶段之一：进步、衰退或静止。静止状态的人口和资本存量是不变的，经济也不会增长。对古典经济学家来说，静止状态不仅是经济发展的一个现实阶段，而且也许很可能是资本主义本身不可避免的终点。

一般来说，当一个国家的经济突然增长到环境可承载极限时，该国经济就会处于一个静止状态。早在 1776 年，亚当·斯密[1]就在他的《国富论》中谈到了静止状态。该书至今仍是有史以来，最有影响力的经济学书籍之一。一个国家"已经获得了大量来自大自然的丰富资源，而这些大自然的土壤和气候，或者其流动的状态，该国在使用时应考虑到其他国家的使用需求，而同时其他国家又允许该国继续获得这些资源"。当发生这样的情况时，斯密就定义其为静止状态。大约 25 年后，另一位古典经济学创始人大卫·李嘉图[2]说，增长的极限将由可用的自然资源总量决定，尤其是农业用地总量。他认为，随着人口的增长，越来越多贫瘠和低产的土地也会被投入耕种。由此，一个国家继续扩张的能力就会下降。

斯密和李嘉图都没有把静止状态视为一个幸福的状态。根据斯密的说法，此时工资和利润会非常低，而工作和商业机会的竞争则非常激烈。斯密认为当时的中国已经进入了静止状态，并把在静止状态下中国人民的生活描绘得无比惨烈。他说，中国的工人为了少量的大米，要工作一整天，工匠们要花更多的时间尽力在街上招揽生意，而不是在自己的作坊工作。穷人的境况也比欧洲任何地方都要差得多，而且杀婴的现象也很普遍。斯密根据历

---

1 亚当·斯密（Adam Smith, 1723—1790），苏格兰哲学家和经济学家，被誉为经济学之父。他所著的《国富论》（*Wealth of Nations*）成为第一本试图阐述欧洲产业和商业发展历史的著作。这本书发展出了现代经济学，也提供了现代自由贸易、资本主义和自由意志主义的理论基础。

2 大卫·李嘉图（David Ricardo, 1772—1823），英国政治经济学家，对经济学做出了系统性贡献，被认为是最有影响力的古典经济学家。

史记录发现，至少从马可·波罗 [1] 的时代开始，上述情况就已经普遍存在。斯密承认，一个国家既要保持稳定，又要达到比中国更高的财富水平，也是有可能的。他怀疑是不完善的法律和制度阻碍了中国挖掘真正的增长潜力。然而，无论一个国家如何达到静止状态，一旦实现，与进步或增长状态相比，生活就会变得异常"艰难"又"乏味"，但是那里的"大多数人的生活看起来好像是无比幸福和舒适的"。

在所有古典经济学家中，约翰·斯图尔特·密尔 [2] 对静止状态给社会和环境造成的影响思考得最为深刻。密尔是斯密和李嘉图的思想继承者，也是伟大的资本主义理论家之一。在 19 世纪的大部分时间里，他也是英语国家中最有影响力的政治经济学家。密尔在 1848 年出版的《政治经济学原理》（*Principles of Political Economy*）一书，直到 19 世纪末一直是经济学领域的标准教材。他在书中专门用了一个章节来论述静止状态，并且认为这是资本主义经济不可避免的终点。他解释道，即使在他身处的时代，只有依靠技术进步，以及世界上其他欠发达地区所提供的经济机会，才能推迟静止状态的到来。当这一切都结束时，增长也将结束。

1　马可·波罗（Marco Polo, 1254—1324），威尼斯共和国商人、探险家。曾随父亲和叔叔通过丝绸之路到过大元，担任大元大蒙古国官员。马可·波罗的旅行经历，记录在《马可·波罗游记》（*The Travels of Marco Polo*）中。该书让欧洲人得以了解中亚和中国，对东西方的交流发展有很大的贡献。

2　约翰·斯图尔特·密尔（John Stuart Mill, 1806—1873），英国著名效益主义、自由主义哲学家，政治经济学家，英国国会议员。其研究范围包括政治哲学、政治经济学、伦理学、逻辑学等。他的著作《论自由》（*On Liberty*）是古典自由主义集大成之作，对19 世纪古典自由主义学派影响巨大。

然而，与其前辈不同的是，密尔认为与增长状态相比，静止状态在多方面都会是一种社会状态的改善。首先，人们不再对消费和获取物质产品如此重视。他写道："那些富有程度远超平均水平的人认为，他们的生活要加倍消费。而这种生活方式，除了达到炫富目的，几乎没有任何乐趣。我不明白为什么他们会追求这样的状态。"同样，他认为把大量的人从中产阶级转变成富裕的工人阶级，或者从富裕的工人阶级转变成一个财富自由根本不需要工作的阶级，对社会没有任何好处。相反，他认为，"对人的本质来说，最好的状态是，虽然没有穷人，但也没有人渴望变得更富有。人们也没有任何理由担心自己会因他人的勤奋努力而被推到后面去。"他声称，在静止状态下，已经生活得很舒适的人们，就不会再花时间去争夺更多的物质奖励。

其次，通过减少人们对积累财富的关注，可以解放工业技艺以实现其真正的现实目的：让人们的生活更容易。密尔写道："如果迄今为止所有的机械发明都减轻了人类一天劳累的工作，其实非常不可信。当然，这些机械发明为制造商带来了巨大的财富，并提高了中产阶级的生活舒适度。但除此之外，它们只是"让更多的人过上了同样单调乏味又如坐监牢的生活"。密尔认为新的机械发明本该以更积极的方式改变人类命运。他说：这样做"正是基于人类的本质和未来"。

再次，静止状态的到来，或许可以阻止人口上升到阻碍社会发展的水平。密尔想象了一个很可能实现的未来。这个未来能够为所有人口提供足够的食物和衣服，但人们必须忍受不健康的拥挤不堪和逼仄感。他写道："人们以目前的物种状态一直走下去是不明智的。"他解释说，孤独给了人们思考的空间，有助于塑造良好的性格，在自然环境中独处，给予了人们另一种好处。独处是"思想和愿望的摇篮，不仅对个人有益，而且社会没有它们也不行"。只要人口足够多，就能建立一个自给自足的社会群体。密尔认为，比较发达的国家，其实已经达到了这个水平。

最后，密尔担心，增长持续太久很大程度上会导致环境破坏，从而降低子孙后代的生活质量。在思考许多当时的未来主义者所期待的未来世界时，他发现几乎没有让人满意的地方：每一寸土地都被耕种，每一种无用的动物都被消灭，每一种野生灌木和花朵都被贴上杂草的标签。对密尔来说，地球的有趣之处，很大程度上正是要感谢这些所谓过度增长而又需要被人消灭的东西。最后，这些东西却"仅仅是能够养活更多人，但不是让人类更快乐"。他不仅希望子孙后代去拥抱静止状态，而且希望是在社会、经济和环境条件下，迫使他们不得不提前这样做。

简言之，密尔认为静止状态不是一成不变和枯燥乏味的。他说："各种思想文化、道德和社会进步的空间，都将与以往一样大；改善生活艺术的空间也很大，而且当人们不再沉迷于出人头地的艺术时，生活艺术得到改善的可能性也更大。"密尔表示，到那个时候科学也会继续进步。人们对自然知识的增长，可能是为数不多的真正无限的东西之一。有了明智远见和公正制度，科学发现得以第一次成为人类的共同财产，并改善和提高大众命运的方式。从密尔的观点看，只有静止状态的社会，才是通向乌托邦的道路。

与知识渊博的前辈们的思想相比，密尔最大的不同，是他把道德、智力还有科学进步与永无止境的物质增长脱钩，而与增长的终点关联起来。这在当时是一种极不寻常的观点，但密尔选定的正是一种非同寻常的视角。通过尝试更多样的视角，来探索什么能给人类带来幸福。因此，他发现了一些很重要又难以量化的因素，比如人们对社区、独处和接触自然世界的需求。他写道："我认为，那种想把整个地球表面都占满，又只是为了生产尽可能多的食物和制造材料的欲望，是建立在对人类本质需求为恶的狭隘概念上的。"这些难以量化的因素的影响，超越了财富和物质提供的舒适感。即使它们难以量化以供研究，但也非常重要。

虽然在 19 世纪初的经济思想中，静止状态的理念已经占有一席之地，但它在大众对未来的愿景中几乎没有留下任何痕迹。人们仍然觉得增长不会停止，而且增长的空间无限，所以也无法引发太多关于静止状态下社会最终状态的严肃讨论。密尔自己也承认，即使是稳定良好的国家，也有巨大的人口增长空间。此外，就像格兰维尔对环境浩劫的看法一样，静止状态的理念与进步和增长的主流故事大相径庭。事实上，到 19 世纪末，对自然界的关注，很大程度上会从经济思想中消失，而对静止状态的关注也将随之消失。直到 20 世纪下半叶，经济学家们才会重新认真考虑这一观点。此时，增长造成环境恶化的问题，才会让人产生更大的紧迫感。

应对增长问题

19世纪初，因许多相同的理由，那些每日畅想着遥远未来的人，并未试图去关心一下就在不远处的资源衰竭问题。但是，少数人还是通过对未来时空的设想，参与了一个更大的文化讨论，即城市工业增长产生的负面影响。这个情况之所以没有从人们的视线中逃过去，是因为西方城市的不停扩张，正以惊人的速度吞噬着富饶肥沃又风景优美的乡村。同时，城市本身充斥着人类、动物和工业产生的垃圾，工业经济又消耗了大量的资源。另外，科技变革给个性化、精神生活，以及人与自然的关系带来了无尽压力。所以，越来越多的思想家，开始把目光转向遥远的未来，他们也为上述问题带来了新的想法。有些人建构出了另一种人与自然环境相处的方式，而另一部分人则强调，增长和工业产生的商业价值可能会导致很多长期问题。

为了抵制工业化城市的无序发展，欧文和傅立叶设计了第一个解决方案。方案主要解决可自给自足的社区应当如何组织工业化，同时保证这些社区不会一直增长扩张的问题。他们设计的细节虽各不相同，但二者的城市规划方案都包括了一个最多可容纳几千人的城市中心多功能建筑群，周围则配备步行即可到达的农场和工厂区。欧文的设计更强调工业规划，而傅立叶则更重视农业和园林规划。但是，二人其实都在寻求一种城市和农村的综合模式，以恢复小城镇的社区环境。他们认为没有必要建造一个巨大的城市。欧文坚持认为，他的城市规划可以给人们提供"花园、游乐场和美景环绕的优越居住环境"，从而将人们从城市的拥挤不堪和乡村的与世隔绝之中拯救出来。然而，这种规划实际上是用一种增长来替代另一种增长。虽然，欧文和傅立叶的规划可以使单个城市不至于发展得太大，但二者其实都希望他们的拥护者能在老社区达到最大可承载人口时，持续不断地建立新社区。

在美国，哲学家及自然主义者亨利·大卫·梭罗[1]就是批评发展型叙事故事的支持者。他说这些支持者是在试图改造自然，而不是与之合作。支持发展的普罗米修斯主义者认为：我们已经砍伐的森林、用树篱围挡和挖掘的沟渠，是多么少啊！我们不能向自然屈服。我们要调配云层，抑制暴风雨，要把致病的空气装进瓶子里。我们还要探测地震，把地震源都挖出来，再把危险的气体都释放出来。我们要把火山开膛破肚，提取毒素，再把它的火种取出来。我们还要洗净水源，温暖火种，冷却冰川，然后把地球垫高。梭罗就曾撰文嘲笑这种观点，他认为，相比更仁慈温和的做法，这种咄咄逼人的做法是完全错误的，只会产生更少的收益。梭罗建议把饲养蜜蜂作为一种人利用自然的参考模式，因为养蜂只需保证有"引导蜜蜂飞行的阳光"就能有蜂蜜产出，而不需要把一切都毁掉。解决这个问题的关键是要把社会的注意力，从改造自然转向改造人类。在梭罗看来，人才是更需要改造的。

法国历史学家、政治家，同时也是傅立叶的崇拜者菲利克斯·博丹[2]在他的一部颇具抱负的小说里，就把增长与进步置于作品的中心地位，因为它们对人们生活中所熟悉的风景以及传统的生活方式构成了威胁。1834年他出版的《未来小说》描绘了20世纪末的世界。那时的社会正朝着西式资本主义、工业化和民主的方向发展，

1　亨利·大卫·梭罗（Henry David Thoreau, 1817—1862），美国作家、诗人、哲学家、废奴主义者、超验主义者。他最著名的作品是散文集《瓦尔登湖》（*Walden*），记载了他在瓦尔登湖的隐逸生活。

2　菲利克斯·博丹（Felix Bodin, 1795—1837），法国散文家、记者、小说家、历史学家和政治家。其科幻小说《未来小说》（*Le roman de l'avenir*，英语：*The Novel of the Future*）是早期未来主义文学最重要的作品。

罗伯特·欧文希望用限制城市规模和人口数量的城镇，来取代无序发展的城市。这幅 1838 年的雕版画，显示了他设想的示范区建成后的样子

资料来源：玛丽·埃文斯图片库

故事里的人物把这些都等同于进步。人们可以在全球范围内自由活动迁移，因此人口变得更加多样化。政府也放弃了相互竞争，解散了军队，转而选择以收取适度的税收来支持地方服务。开发新殖民地、进行大型商业投机买卖，或为了废除奴隶制而发动世界大战，诸如此类的各种工作，都落到了荷枪实弹的私人公司身上，或者有共同利益的人民协会肩上。

　　但是，在博丹的未来世界中，一场冲突正在酝酿之中。一方是文明协会，它支持西方国家过去 150 年所取得的进步。另一方则是诗意协会，它致力于保护自然、历史和文化，因为这些东西都在残酷的进步过程中消失殆尽了。诗意协会是由不同的附属团体构成的。其附属团体包括担心自己信仰的宗教会消失的僧侣、因新技术影响而难以为继的制造商、被赶下台的王子和贵族，还有各类作家、诗人、艺术家和哲学家，以及其他各色人等。这些附属团体的主旨议程各不相同。以上各团体，正因感觉到历史的进程出现了错误，尤其是工业化发展方向上的错误，所以转而结为一体。为了让成员能表达各自不同的观点，该组织的中央委员会会议都安排在风光秀丽或极具历史意义的场所召开。然后，大家在烛光下认真商榷各项议题，同时与会者必须穿着古装。

　　诗意协会一直在进行一场艰苦卓绝的战斗。他们花费巨资让野兔和狐狸在英国乡村重现身影，也鼓励农村地区居民穿着传统服装，还试图拯救濒临灭绝的盖尔语 [1] 和巴斯克语 [2]。只可惜他们所

1　盖尔语（Gaelic），主要在爱尔兰、苏格兰、马恩岛和加拿大部分地区使用的少数语种。
2　巴斯克语（Basque），主要在西班牙北部和法国西南部比利牛斯山脉最西端的邻近地区使用的少数语种。

做的一切最终都徒劳无功。协会成员还眼睁睁地看着，野生地区从英格兰版图消失殆尽。其中就包括雪伍德森林[1]，现在那里用蒸汽犁种植大麦、蛇麻草和芜菁甘蓝。在对不列颠群岛的煤炭储量进行仔细研究后，该组织为其成员提供了一份报告。报告所描述的未来是"令人感到一丝欣慰的。因为机械工业这种让人讨厌的社会发展必需品，未来终将油尽灯枯。机械工业所代表的伟大文明，具有阴郁、统一又单调乏味的特点，它能破坏所有的诗意生活"。不过，该报告还总结出，煤炭至少可以再用一个世纪。一个世纪的时间足以让高贵的马匹因蒸汽的发展最终走向消亡。

然而，诗意协会也取得了一些成功。他们成功地保护了世界上多处受工业威胁的遗址，使其免遭开发破坏。故事里的人物承认："让我们不得不佩服的是，他们在欧洲和亚洲花费了大量资金以拯救教堂、清真寺、佛塔、城堡庄园和修道院等形态各异的废墟。而且，为了城市发展，人们准备占领废墟以便转为工业所用，或试图拆除废墟的时候，协会还设法保护了整个古迹"。诗意协会不仅收购了重要的遗址，还进行了修复。他们甚至重建了英国巨石阵[2]。该组织的一个财务委员会还公布了一部分协会所拥有的多种自然景观的清单。"目前在协会管区内，包括 59 个地下洞穴、77 个非封闭式的石窟、36 块在采矿过程中被保存下来的形状奇特

1　雪伍德森林（Sherwood Forest），英国的皇家森林，同时也是有名的民间传说罗宾汉（*Robin Hood*）的舞台。位于英国中部诺丁汉北边。

2　巨石阵（Stonehenge），英国著名世界文化遗产之一，位于英格兰威尔特郡埃姆斯伯里。由几十块巨石围成一个大圆圈，其中一些石块有六米之高。据估计巨石阵已经有几千年历史。

的岩石。而且由于大家的努力，44 个瀑布也幸免于难，有些瀑布高度接近 30 米。这些瀑布本来即将被封堵水源，然后被卑贱地用于磨坊运营，最后成为工业发展的牺牲品。"

博丹的书没有被大众接受，也许是因为故事内容令人沮丧，抑或是开放式结局的缘故。博丹把他构想的两个相互竞争的协会，带到公开战争的边缘，然后戛然而止，结局不知为何。此书的重要性不在于其对未来愿景的直接影响，更在于它的先见之明。因为博丹写这本书时，社会上有组织地保护自然、历史和文化的工作几乎不存在。西方国家只是刚开始意识到因开发需要而导致有重要意义的风景和自然区域开始消失的问题。西方最古老的国家保护组织——英国公共场所保护协会[1]，直到 1865 年才成立，那时距离《未来小说》出版已经过去了 30 年。而美国则是直到 1872 年才成立了第一个国家公园。博丹书中虚构的协会重建了巨石阵，但直到 1882 年，巨石阵才在现实世界中获得一定程度的法律保护。在 1918 年之前，巨石阵仍属于私人所有。虽然博丹所描绘的宏大战役并没有在现实的历史过程中发生，但是，保护遭受增长威胁的自然区域的强烈诉求，实际上就会发展成一种运动。

法国一个畅销书作家埃米尔·苏韦斯特尔[2]曾做过一个很有影响力的尝试。他试图对未来的工业价值进行预测。1846 年，他出

---

1 英国公共场所保护协会（Britain's Commons Preservation Society），一个致力于保护英国公共道路和开放空间的社会团体，比如公共土地和村庄绿地。它是英国最古老的国家保护机构，以及注册的慈善机构。现已改名为开放空间协会（Open Spaces Society）。

2 埃米尔·苏韦斯特尔（Émile Souvestre, 1806—1854），法国小说家，著有科幻小说《应然世界》（The World As It Shall Be）。

版了《应然世界》。这本书有三个法文版本，一个西班牙文版本和一个葡萄牙文版本，并被广受欢迎的美国期刊《哈珀斯杂志》[1] 收录。大众普遍认为，这是第一部工业化的反乌托邦作品，它把对机械化、消费、效率和功利主义的迫切需求推向了极致。故事的主人公是一对年轻的已婚夫妇。他们请求一位名叫普罗杰斯先生 [2] 的时间旅行者把他们送到未来，让他们看看未来所有的辉煌盛世。他们在公元 3000 年的大溪地岛 [3] 上醒来，那里是全世界工业文明的中心，供应个人一切所需。一切都被商品化了，甚至是这对夫妇，因为一位教授把他们当成古董买了下来。在教授家的门楣上刻着一句铭文："人之居所乃其城。人人为己。"教授告诉这对夫妇，"这就是人类法律的全部内容"。苏韦斯特尔的反乌托邦，主要集中在追求工业价值所产生的负面社会影响上。他设想了一个用机器大量喂养婴儿的社会，人们用机敏的商业战术教育孩子，把工人培养成对指定工艺技术能达到登峰造极水平的人才。

但是，苏韦斯特尔也探讨了一些工业价值会造成的潜在环境影响，例如，人们会把功利主义应用到公共空间去。苏韦斯特尔还把讽刺的目光投向了梅西尔和卡贝的乌托邦。在苏韦斯特尔的故事里，人们用更有实用价值的水果树取代了装饰树。作者让故事的主角们参观了一个公共花园，花园里"巨大的卷心菜取代了

1　《哈珀斯杂志》(*Harper's Magazine*)，一份关于文学、政治、文化、金融和艺术的月刊。创刊于 1850 年，是美国历史上第二悠久的连续出版的月刊。

2　普罗杰斯先生 (Monsieur Progrès)，法语本义为"进步先生"。

3　大溪地岛 (Tahiti)，法属波利尼西亚群岛最大的岛屿，位于南太平洋中部，是法属波利尼西亚群岛的经济、文化和政治中心。火山活动造就了塔希提高耸的、山脉众多的地理环境，四周有珊瑚礁环绕。

埃米尔·苏韦斯特尔的《应然世界》中，一位动物学教
授正在照顾一个小小的野生动物。这些动物绝大部分已
经从野外消失

开花的栗子树，一排排和树一样大的莴苣，则取代了金合欢林和
香甜的青柠林。至于各种花卉，则被烟草、水稻和槐蓝植物[1] 所取
代"。事实上，在苏韦斯特尔的未来社会中，整个林业系统都是建

1　槐蓝植物（Indigo），用于生产靛蓝染料的开花植物。

立在各种放大的可食用植物上。故事中的导游引以为傲地总结道："所以，一切都是为人类的需要而量身打造的，人类已经把所有的生物种类减少到只留下能吃的物种。"

苏韦斯特尔还提出，如果人们对功利主义及对大规模高效生产的追求走得太远，就会对动物生存造成极度恶劣的影响。苏韦斯特尔故事里的社会和卡贝笔下的伊卡利亚城一样，也培育很多家畜，以生产更多的肉和奶。但是，穿越时空的旅客却并没有对此留下特别好的印象，反而对此感到恐惧。他们发现这里"培育的公牛体型巨大无比，但是没有骨骼；奶牛只是一台负责把草变成牛奶的机器；猪只是一团肉，但却大得难以想象"。旅客总结说，动物王国已经变成了一组畸形生物，人们糟践了它们原来的美感和比例，现在连上帝都不认识它们了。

苏韦斯特尔还把另一支讽刺的矛头，对准了商业化景观。他描绘的未来私有化的社会只追求利润。因此，为了追求利润，一家公司买下了整个瑞士，然后把自然场所都开发成休闲娱乐的景点。为了阻止任何试图逃票的人，该公司用一堵石墙把整个国家围了起来，而且只有通过 12 个巨大的入口才能进入瑞士。每扇门上都写着："没钱，就别想来瑞士。"进入瑞士之后，每个瀑布、冰川和风景点都设有收费站。游客如果不买票又不交租雨伞的押金，就无法欣赏莱茵河瀑布。就像苏韦斯特尔的工业化乌托邦中的许多东西一样，大自然的美丽首先是以消费和功利主义的视角被衡量的。

当下的废墟

尽管人们对未来抱有担忧，但是，在那时的西方文学和艺术作品中，只有一个明日形象广为人知，并预测了进步和增长造成的灾难性结局。这个明日形象描绘的是一个来自未来的人，他凝视着眼前的一片废墟。虽然用废墟来激发人们对生死的反思可以追溯到上古时代，但直到 18 世纪末，人们才开始把废墟景象与对未来文明的思考紧密联系起来。最早出现在印刷品中的废墟，是在 1791 年法国哲学家沃尔内伯爵[1] 出版的书中。他曾到叙利亚的巴尔米拉城[2]，观看长期被遗弃的古城遗址。当思绪徜徉在眼前的美景中时，沃尔内伯爵开始对巴黎、伦敦和阿姆斯特丹等现代城市的长期命运产生了好奇。他写道："谁知道是否有一些旅行者，像我一样，有一天坐在那沉默的废墟上，为居民的遗骸，也为那记忆中的伟大而孤独地哭泣？"另一个早期艺术作品产生于 1798 年，约瑟夫·甘迪[3] 为新近完工的英格兰银行圆形大厅画了两幅作品。一幅展示了目前的所有荣耀辉煌，另一幅则是未来的废墟。

尽管西方仍处于发展的上升阶段，但是废墟中的社会形象，在当时变得越来越流行。作家也据此创作了各种各样的故事。通

1　沃尔内伯爵（Comte de Volney, 1757—1820），法国哲学家、废奴主义者、作家、东方学家和政治家。

2　巴尔米拉城（Palmyra），叙利亚中部的一个古代城市，是商队穿越叙利亚沙漠的重要中转站，也是重要的商业中心。伊斯兰国（ISIS，恐怖组织）曾于 2015 年 5 月 21 日占领该遗址并进行破坏活动。其中寺庙壁画、雕塑及一些神像，包括阿拉特狮，都遭到彻底摧毁。

3　约瑟夫·甘迪（Joseph Gandy, 1771—1843），英国艺术家、建筑师、建筑理论家。

过游客、探险家，或来自世界各地考古学家的所见所闻，作家开始探讨一旦欧洲回归原始状态会变成什么样子。以这些人为视角，是因为他们真正继承了文明的衣钵。比如埃德加·爱伦·坡和汉斯·克里斯蒂安·安徒生[1]这类作家，就把故事写得栩栩如生。故事中的人物，沿着曾经被称为泰晤士河[2]和塞纳河[3]的野生河流前进，去寻找古城遗迹。他们尝试分析解释这些废墟过去曾代表的意义，偶尔也会遇到野人般的幸存者。正是这些幸存者，唤起了书中关于世界最后一人的主题。1840年，英国历史学家和政治家托马斯·巴宾顿·麦考利[4]提出了一个最具影响力，也被人所铭记的文学母题[5]：一个来自新西兰的人，从伦敦桥[6]的残骸中，勾画出圣保罗大教堂[7]的遗迹。

---

1 汉斯·克里斯蒂安·安徒生（Hans Christian Andersen, 1805—1875），丹麦作家、诗人、哲学家，因其极富内涵的童话作品而闻名于世，人们高度赞扬其作品给全欧洲的孩子带来了欢乐。他的作品被翻译成150多种语言，成千上万册童话书在全球陆续发行出版。他的童话故事还激发了大量电影、舞台剧、芭蕾舞剧及动画的创作灵感。

2 泰晤士河（Thames），位于南英格兰的一条河流，也是英格兰最长的河流，全世界水系交通最繁忙的都市河流之一。源于英格兰西南部科茨沃尔德山，向东流经伦敦后汇入大西洋北海海域。

3 塞纳河（Seine），法国第二大河，世界文化遗产。源于勃艮第地区，流经巴黎市中心，向西注入英吉利海峡。

4 托马斯·巴宾顿·麦考利（Thomas Babington Macaulay, 1800—1859），英国诗人，历史学家，辉格党政治家，曾担任英国军务大臣。

5 文学母题（Motifs），在艺术作品中不断重复的独特特征或想法，通常有助于其他叙事环节（如主题或情绪）的发展。

6 伦敦桥（London Bridge），于1973年建成通车的混凝土钢材箱形梁桥，位于英国伦敦市中心，横跨泰晤士河。

7 圣保罗大教堂（St. Paul's Cathedral），位于英国伦敦市最高点的路德盖特山上。英国一级保护建筑，伦敦最著名的标志性的景点之一。1963年以前是伦敦最高的建筑，其圆顶目前仍保持最高的世界纪录。

这幅由古斯塔夫·多雷[1]创作于1872年的版画描绘了一个遥远的
未来,一位来自新西兰的游客,望着伦敦的废墟陷入了沉思

---

1 古斯塔夫·多雷(Gustave Doré, 1832—1883),法国艺术家、版画家、漫画家、插画
家和木雕雕刻家。

　　未来废墟的一部分吸引力，归功于其坍塌发生的神秘原因——因为作者和艺术家通常把这种原因留给读者或观众自行想象，而不是直接道出。是战争还是道德的沦丧？抑或是煤炭的消耗殆尽呢？故事里文明游客的出现，意味着社会只在一定程度上发生衰落，而不是整个世界都开始分崩离析。与此同时，当时的社会民众开始愈加频繁地比较大英帝国与古罗马帝国的衰落，加之民众看见法国大革命造成的破坏，这些社会现象都给文学艺术创作者、读者和艺术作品购买者以剧烈的冲击。但是，废墟不会说话，读者或绘画作品的观赏者就不得不自己去探讨废墟产生的原因。这也使得这些文学艺术作品成为一个最佳的载体，用以表达民众对现代社会能维持多久产生的焦虑。

　　未来废墟的流行，是与进步型叙事故事背道而驰的。它用更古老的循环模式取代了一线性发展的时间概念，在这种模式中，文明的兴衰都是可预测的。也正是在这段时间，伟大的美国画家托马斯·科尔[1]创作了《帝国的进程》（*Course of Empire*）五幅系列画作，描绘了一个伟大的文明从蛮荒之地发展到最终瓦解的过程。科尔本人受到当时拜伦一首诗歌的启发。这首诗用两句令人印象至深的诗句阐述了时间的周期性"历史，看似篇幅无尽，道尽全言，终归一页"。这样的作品提出了一个比较悲观的论点：衰败是所有人类社会不可避免的命运。但是，这些诗句也会表达一些令人安慰的观点：因进步和增长而导致人们总是冷酷无情地

1　托马斯·科尔（Thomas Cole, 1801—1848），美国风景画家，被认为是哈德逊河派的创始人。其作品均富有浪漫主义风格，细致而写实。

去抗争，也让人产生无所适从的心态变化，总有一天所有这些将让位于平静、安宁，以及万物复苏的自然世界。

　　然而，没有什么能动摇人们对未来发展越来越坚定的信心，因为这种进步与增长的未来，看起来是取之不尽用之不竭的。即使是博丹故事里的人物，也尝试着用理解的眼光，来描述以保护为宗旨的诗意协会，并向读者保证，进步不是幻想。他批评那些"愤世嫉俗的人"，因为他们坚持认为"人类从一开始就是在走一个不变的循环，从野蛮提升到文明，然后又从文明跌回野蛮"。坚持认为环境正在衰退的悲观主义者认为："自从运河系统在一定程度上排空了河水后，河流就不那么美丽了；山峰也不再像以前那样骄傲耸立了；虽然梨和桃子都变大了，却不再那么好吃了。"博丹对此也予以了强烈谴责。读者甚至可以感受到故事里的人物是如何挥舞着手臂把这些观点抛诸脑后的。他还总结道："我说，尽管有这些令人沮丧的理论，但是进步确实存在，而且依然继续，如日光般，清晰可辨。"

· 第三章 ·

进化的寓言

在第一次世界大战爆发前的20年里，没有比英国作家赫伯特·乔治·威尔斯所创设的未来愿景影响更大的了。他的许多关于未来的寓言故事都成了经典，其中就包括《众神的食物》(*The Food of the Gods*)。该作品是一部关于增长将在人类发展盛会中扮演何种角色的壮丽颂歌。威尔斯称其为"关于人类历史事件变化的幻想曲"。该书出版于1904年，故事讲述了一种人工合成且生长功能被放大的物质从两个粗心的化学家手中逃脱出来，而后开始迅速在农村蔓延，使得植物以及鸡和黄蜂快速变大，最终使得儿童的体型都急剧增大，成年后可长成几米高的巨人。面对急剧变化的环境，当英国政府试图重掌控制权实施亡羊补牢的措施时，这些巨人甚至能抵抗政府。其中一个巨人说："我们不是为自己而战，而是为了增长，为了永远的增长。明天，无论我们是生还是死，增长将通过我们的双手征服世界。这才是永恒的灵魂法则。"这本书的结尾是巨人向星空伸出双手，暗示仅靠地球已经不能满足人类追求扩张的理想。

威尔斯的作品不仅建立在已成熟的发展型叙事基础上，而且还在19世纪60年代，加入了一股未来主义小说的浪潮。这是因为当时未来主义小说方兴未艾，而且民众兴趣日益高涨。这股浪潮的来源之一是当时突然涌现出的惊人技术成就，包括跨大西洋电报电缆、横跨北美大陆的铁路，以及苏伊士运河。然而，更重要的是查尔斯·达尔文在 1859 年出版的《物种起源》（*On the Origin of Species*），此书把进步的理念与生物进化的概念融为一体。这种进步与进化合二为一的概念，让人觉得人类正经历的不是简单的科技成果数量的增加而是人类正走在一条由自然界本身所认可且不断上升的进化道路上。这也是一条以原始淤泥为起点，直至以某种宏大命运为终结的道路。进化论将所有的人类历史重塑为一个进步的旅程。

到了 19 世纪 90 年代，非虚构小说的预测也变得越来越普遍，因为科学家和发明家开始愈加频繁地公开预测未来。长期以来，他们也是未来虚构故事的主要创意来源。《斯特兰德杂志》[1]写道，这些人是科学的"大祭司"。虽然过去几代人对他们知之甚少，但他们现在决定大声宣布，他们要"成为预言家"。有些报纸会传播科学家和发明家的观点，对于其读者来说，这些专家似乎有独一无二的资格来推测他们的工作将如何在未来几年推动人类社会的发展。因此，到了 20 世纪初，在公众看来，对未来的研究似乎已经成为一种理性与科学的尝试。小说与非小说的预测往往又出奇地一致，这亦为上述看法起到了辅助作用。

尽管人们拥抱着各种乐观情绪，但到了 20 世纪末，面对以增长为主旨的未来，人们开始产生一种不安。原来世界比我们感受到的更狭小也更脆弱。西方仍不甚了解的少数几个地方，地理学家也差不多绘制完地图。美国也宣布将要关闭国境。法国地理学

1　《斯特兰德杂志》（*The Strand Magazine*），英国月刊，1891 年创刊，1950 年停版。

家让·白吕纳[1]也开始思考"我们尘世牢笼的物质极限"。与此同时，人们开始担心，人类的扩张或者说对科技的不当使用，很可能会引发大规模的环境危机。一个关于环境浩劫的新发展型叙事故事开始出现。这种新叙事故事是为了描绘一个放弃增长目标的乌托邦，以建立更加可持续的环境关系而不断努力。然而，大多数展望未来的人，依然以进步和进化为导向，想象着日后能重塑甚至超越自然。直到第一次世界大战开始前，人类帝国的伟大胜利都似乎触手可及。

进化即进步

进化论为人类的未来开辟了一个全新又乐观的领域，因为理论的每一点在进步的理念中都能有所体现。进化论证明人类虽然一开始是较低等级生命形式，但是在生物学意义上已经超越了其他所有动物。通过这些内容可见，进化论认为人类将继续保持这种上升的轨迹。德国达尔文主义者恩斯特·海克尔[2]在1867年写道："我们的祖先曾经是低等动物，而我们现在应该为已经进化成高等动物而感到自豪。人们也会从中获得一种安慰和保证：未来，全人类要实现的伟业，是遵循稳步发展的轨迹，达到更高的精神境界。"现在，人类不仅可以保证科技不断进步和无限增长，还

---

1 让·白吕纳（Jean Brunhes, 1869—1930），法国人文地理学家。

2 恩斯特·海克尔（Ernst Haeckel, 1834—1919），德国生物学家、博物学家、哲学家、艺术家、医生、教授。他把达尔文的进化论引入德国并在此基础上继续完善了人类的进化论理论。

可以保证无限改良自然物种。事实上，进化论思想具有极大的可
塑性，因此大众很快就把它应用于社会和技术变革中。威尔斯认为，
达尔文的思想甚至改变了乌托邦理念原本的样子。乌托邦曾经是
一个永久静态的状态。现在来看，威尔斯认为乌托邦理念是一个
动态状态，"一个充满希望的阶段，引领人类走向一个漫长的上升
阶段"。

　　未来主义者经常思考进化将如何重塑不同人种的族群。因为
那个时代的西方科学家都认同，是种族等级制使得帝国扩张合法
化，所以我们也无须惊讶于盎格鲁－撒克逊 [1] 作家们总是预测，所
有非盎格鲁－撒克逊人会在进化过程中灭亡。公元 2882 年的一本
指南解释说："在'适者生存'中，我们英国人，以及与我们相近
的种族，到哪儿都旗开得胜。我们到任何地方，所有其他民族都
会被挤出狭窄的地球表面。"美洲、新西兰、北极还有其他地方
的原住民，都会按部就班地消失。这样的结局，对当时参观世界
博览会人类学展览的任何人来说，都不会感到惊讶。博览会在人
类动物园中展示了非白人人种，以表明他们不仅在技术上原始，
在生物学上也是如此。即使小说作者描绘了各种族在不同人群的
居住边界上会通婚产生混血，有时也会形成新的种族，但是每个
人最后或多或少都看起来是个白人。一位前往未来的游客惊讶地

1　盎格鲁－撒克逊（Anglo-Saxon），通常用来统称公元 5 世纪初从罗马丧失不列颠岛的
　统治到 1066 年诺曼底公爵征服英格兰期间，由欧洲大陆入侵并定居在大不列颠岛东
　部和南部地区的一系列语言和文化非常相近的西日耳曼民族。这些说着北海日耳曼语
　方言（盎格鲁－撒克逊语）的新移民在登陆后最终征服并取代了说凯尔特语的原住民，
　成为不列颠群岛的主体民族。

发现，他的导游有一部分是爱斯基摩人，因为他看起来很像威尔士人。

进化论必定会把世界的人类都逐渐白人化。这样的信念，有时给令人咋舌的暴行提供了正当理由。即使是小说里虚构的暴行，也让人心惊胆战。自然学家威廉·德利尔·海[1]在他的故事里描述：为推进人类进化的脚步，世界上所有的盎格鲁－撒克逊人协同配合，消灭了亚洲和非洲的非白人人种。德利尔·海笔下的20世纪与真实的20世纪不同，他们经历了一个世纪的和平时代。在他笔下的20世纪，普世博爱和兄弟情谊的理念占据了最高地位。但到了21世纪，盎格鲁－撒克逊人发现，自己处于食物供应不足的边缘。书中的这场危机就阐述了其他种族是多么劣等，以及"要彻底理解中国人和黑人在自然经济中究竟占据了哪些有用的领域"是多么困难。中日联盟以及非洲黑人的挑衅，最终为灭绝之战提供了最轻而易举的借口。一位未来的历史学家总结道："我们从这一页历史中首先学到的，是自然法则必然发生且不可避免的，试图抵抗也是徒劳无功。一个正在崛起的种族，其责任是同化他们接触到的外族人，要不就彻底粉碎他们。这是为了让最合适的人和最优秀的人最终能够生存下来。"我们很难找到比这更残酷又直白的例子，能把进化论原则应用于人类关系。

动物估计也会遭受同样的命运。部分原因是西方人开始观察到，动物灭绝的过程就在他们眼前发生了。自然学家们逐渐拼凑

---

1 威廉·德利尔·海（William Delisle Hay, 1853—? ），英国作家，皇家地理学会会员，因真菌学研究出名。他著有提倡白人至上主义和社会主义的"未来幻想"小说《三百年后；或来自后世的声音》（*Three Hundred Years Hence; or, A Voice from Posterity*）。

出一些岛屿上鸟类的生存故事，一些品种的鸟类在人类狩猎的巨大压力下消失殆尽。新西兰恐鸟[1]、北大西洋大海雀[2]、毛里求斯渡渡鸟[3]，它们似乎都是因人类活动而被逼至绝境。到 19 世纪 70 年代，北美人目睹了旅鸽[4]和美洲野牛数量的灭绝性减少。这些动物曾经的数量多得让人叹为观止。1892 年，伟大的法国科学家夏尔·里歇[5]就曾写下预言："土地的全面耕种，将导致某些动物种群几乎完全灭绝。"

早在里歇宣告之前，未来小说的作者们，就已经开始在自己想象的世界中清除野生动物，并且还会驯化野生动物。有时，他们的故事描述了一些作为食物供应或作为某种劳动力动物的生存细节，也描述了人们把少量选定的物种纳入动物园、国家公园，或者禁猎区内的情况。大部分情况下，人类是通过系统的灭绝计

---

1 恐鸟（Moa），新西兰特有的一种不会飞的鸟类，因毛利人开始定居新西兰后过度捕猎而灭绝。

2 大海雀（The Great Auk），因外表和企鹅相似而有时又被称作北极大企鹅，是一种不会飞的鸟，曾广泛存在于大西洋周边的各个岛屿上，但由于人类的大量捕杀在 19 世纪灭绝。

3 渡渡鸟（Dodo），仅产于南印度洋马达加斯加岛东侧的毛里求斯岛上，是一种不会飞的鸟。这种鸟在 1505 年被人类发现后，仅仅 200 年的时间里，便由于人类的捕杀和人类活动的影响而大量减少。它们于 17 世纪 60 年代前后彻底灭绝。它们是人类历史上第一个被记录下来的，因人类活动而绝种的生物，是除恐龙之外最著名的已灭绝动物之一。

4 旅鸽（Passenger Pigeon），曾经是世界上最常见的一种鸟类。据估计，过去曾有多达 50 亿只旅鸽生活在美国。后来推论是由于低遗传多样性，被人类大量食用，加之栖息地丧失，无法适应环境变化因而在 1914 年灭绝。

5 夏尔·里歇（Charles Richet, 1850—1935），法国生理学家，是许多生物研究领域的早期建立者，如神经化学、消化作用、恒温动物的体温调控，以及呼吸作用。法兰西学院生理学教授，法国医学学会成员，曾获诺贝尔生理医学奖。

划把一切动物都扫荡一空，然后转为素食主义。虽然自然学家开始推广动物保护，但小说家们仍然普遍认为，从大象和狗到蛇和袋鼠，几乎所有的动物都会消失。小说中 2011 年的一位游客指出："机器的汽笛声和马达的轰鸣声，已经取代了鸟儿的歌唱。森林变得荒芜，田野里没有了牛鸣、马嘶、鸟啼。"

许多未来主义者并没有为大规模的动物灭绝提供任何正当理由，仿佛这理由对读者来说是显而易见的。那些试图使之合理化的人提供了两种解释：一是功利主义。庞大的人口必须有效地利用土地，而农业每英亩生产的食物比狩猎和畜牧业多。一位历史学家在 2180 年回顾今夕时写道："我们需要土地，我们需要它的产品，我们无法保留动物。"二是进化。19 世纪英国地质学家查尔斯·莱尔[1] 解释说，人类在灭绝其他形式的生命时，只是很单纯地参与了一个自然基本法则，即一个物种征服另一个物种，并占领那里的土地。灭绝也只是大自然进化的方式而已。因此，当一位游客来到 2907 年，并质疑马匹的大量消失时，他的导游就给出了一个非常简单的解释："在进化过程中，这是它的命运。"这两种解释都说明：动物的灭绝代表着进步。所以当人们觉得没必要感到遗憾的时候，也就疏于表达了。

进化论还表明，人类这个物种是可以改进的。自柏拉图[2] 以来，

1　查尔斯·莱尔（Charles Lyell, 1797—1875），英国地质学家、律师，均变学说（Uniformitarianism）的重要论述者。

2　柏拉图（Plato, 前 427—前 347），著名的古希腊哲学家，他的著作大多以对话录形式记录。柏拉图是苏格拉底的学生，亚里士多德的老师，他们三人被广泛认为是西方哲学的奠基者，史称"西方三圣"或"希腊三哲"。

乌托邦作家就一直倡导人类做选择性繁育。19 世纪早期，卡贝特就描述他笔下的伊卡利亚人是在为"人类的日趋完美"而努力。但是，《物种起源》直接启发了达尔文的表弟弗朗西斯·高尔顿[1]创立优生学专业领域。该学科将科学的方法应用于生育更好的人类。优生学思想开始传遍世界，并被写进虚构的未来故事里。在这些故事中，许多社会都要求夫妻在婚前做生物相容性筛查，并对不健康的婴儿，以及病人和老人实施安乐死。反对优生学的作者，则把这种未来描绘成反乌托邦的色调，还经常将其描绘成基督教已彻底灭绝的文明类型。来自过去时代的跨时空游客，有时会发现自己要设法放弃社会必须照顾所有上帝子嗣的想法。这也提醒了读者，耶稣治愈了病人和瘸子，但没有把他们从优生的人群中淘汰。

小说家同样也能设想这样的情景：进化是对人类不利的，因为人类在达尔文式的生存斗争中被淘汰了。早在 1871 年，爱德华·鲍沃尔·利顿[2]的《即临种族》（*The Coming Race*）一经出版即大受欢迎。书中出现了一种看法，人类事实上可能不是"最完美"的生物。故事的主人公通过一个矿井深入地下，然后发现了一个地下世界，里面住着一个技术发达的种族，叫作维利尔（Vril-ya）。他们曾经很像人类，后来进化成更大、更强，也更聪明的生物。

---

1 弗朗西斯·高尔顿（Francis Galton, 1822—1911），英格兰维多利亚时代的博学家、人类学家、优生学家、热带探险家、地理学家、发明家、气象学家、统计学家、心理学家和遗传学家，查尔斯·达尔文的表弟。

2 爱德华·鲍沃尔·利顿（Edward Bulwer Lytton, 1803—1873），英国作家、政治家、辉格党议员。

他们还在手上开发出一条额外的神经，使他们能够随意控制一种极其强大的电磁力。主人公在多年后讲述这个故事时，非常确信维利尔人有一天会从他们的地下家园出来，然后取代人类。

进化竞争不一定是有机物之间的。在《物种起源》出版后仅四年，就有人把达尔文思想应用于技术范畴。1863 年，塞缪尔·巴特勒[1]在一份新西兰报纸上，发表了一封题为《机器中的达尔文》（*Darwin among the Machines*）的信函。他表示机器正以令人担忧的速度加速复杂化，有朝一日机器将成为人类的主人。为了抵御这个未来灾难，巴特勒半开玩笑地建议，人类要立即宣布发动一场"死亡之战"，以抵御机器的迫害。大约 10 年后，巴特勒又在一部名为《埃瑞璜》的经典乌托邦讽刺作品中，进一步探讨了这一想法。书中的社会，正是按照他的建议运行的。在这本书出版前几个世纪，一位学识渊博的教授就写过一本影响巨大的书，对机器的快速更新改进提出了警告。该教授写道："我们竭力反对发展这种新生力量，而这种反对的行为会导致我们的生活陷入无尽的煎熬。但是，如果这种反对发生的时间被推迟，难道就什么事情都不会发生了吗？"教授的书引发了一场毁灭性的国家内战。内战之后，胜利者就摧毁了过去几个世纪以来所创造的所有技术，并通过法律禁止进一步的创新。

16 年之后，一位英国作家探讨了若人类未能先发制人地遏制

1　塞缪尔·巴特勒（Samuel Butler, 1835—1902），反传统英国作家，基督教、演化思想史、意大利艺术、意大利文学史研究家。他著有乌托邦式讽刺小说《埃瑞璜》（*Erewhon*）和半自传体小说《众生之路》（*The Way of All Flesh*）。他翻译的《伊利亚特》（*Iliad*）和《奥德赛》（*Odyssey*）版本沿用至今。

住机器的发展速度，将可能造成的风险。对于该作者笔下的未来人类来说，机器极度发展的结果是"1948 年的大灾难"。一天，一群美国工程师发现，最先进且复杂的火车在他们的车棚里被创造出来了，或者说是诞生了另一种更小的火车。其他的火车也是一样，每一种新火车都比旧火车更先进。这些机器在自我繁殖，并随着每一代新机器的诞生而不断进化。故事中的人物发现，"这预示着自然界在调集不同力量发动战争，无机物世界开始进入了有机物世界，二者开始了一种非自然生物体之间的竞争"。随着火车开始武装自己，它们学会了脱离铁轨，然后一起努力消灭人类，恐慌也随之而来。故事里的这群人，沿着密西西比河[1]奋力前行到新奥尔良[2]，最终来到荒芜的檀香山[3]。他们在那里建成了一个新的定居点。就他们所知，他们是世界上最后幸存的人类。

即使没有突然出现更优越的种族，或者发生智能机器对人的危险性突然增加的情况，进化论仍然可以阻碍人类发展的野心。在这一时期，威尔斯所著的《时间机器》（ *The Time Machine* ）中的情节，就是当时对进化论最为人所瞩目也最有远见的运用之一。该书出版于 1895 年，随即使威尔斯成为国际文坛巨匠，并为无止境的进步理念投下了质疑的影子。威尔斯笔下无名的时间旅行者，用他自己设计的机器去了 802701 年旅行。他在那里发现了许多环

---

1 密西西比河（Mississippi River），位于北美洲中南部，北美最大的水系和最长的河流，源于美国明尼苏达州西北部艾塔斯卡湖，流经中部大平原，然后向南流入墨西哥湾。

2 新奥尔良（New Orleans），位于美国路易斯安那州南部的港口城市。

3 檀香山（Honolulu），又称火奴鲁鲁，是美国夏威夷首府。因早期此地盛产檀香木，而且大量运到中国，遂华语圈称檀香山。

境的改变，都是他那一代人所热衷构想的未来：世界变暖了，动物灭绝了，害虫消失了，疾病被消灭了，世界像花园般平淡温顺。时间旅行者惊叹道："跟随着现下仍是梦想的脚步，未来团结的人类对自然吹响了胜利的号角。现下这梦想的脚步已有了现实的计划，而且走得从容不迫，步步推进。"

但是，时间旅行者很快就发现，完美环境的外表是带有欺骗性的。他发现，人类已经进化成了两个分支：伊洛人（Eloi）和莫洛克人（Morlocks）。伊洛人像孩子一样生活在充满田园诗意的天堂里。莫洛克人则维护着伊洛人的基础设施，但是到了夜晚，他们就像狼一样捕食伊洛人。更糟糕的事还在后面，当主人公穿越到更遥远的未来时，人类已经灭绝。随着太阳的不断冷却，加之地球开始变得冰冷难耐，仅存的几种原始生命形式很可能也会随之消失。威尔斯想传达给他那一代人的教诲是：人类并不是一直沿着一条有保障的改良之路前进，即使有一天实现了乌托邦，也不可能持久，因为自然是不可能永远保持在一个特定状态下的。持久的社会与环境的进步，是一个可望而不可即的目标。

人类的蜂巢

关于整个民族消亡和动物灭绝的设想，虽然可以用进化论来解释，但归根结底，还是源于大众对人口持续增长的期盼。待人口增长到某个时刻，届时将没有足够的空间容纳每个人和每样东西。但在采用合理发展型的叙述故事中，人口通常能稳定下来，而且不会产生什么大问题。一些作家构想的未来社会里，从道德上规劝民众，可以达到保持社会人口稳定的预期效果，而其他社会则选择实施生育控制手段稳定人口数量，甚至以提高生活水平的方式控制人口。作者同时指出，富人往往会少生孩子。一个过度拥挤的社会能自主学会如何选择婴儿的性别，并在重男轻女比例为 20：1 的实际情况中，意外地找到一种拯救社会的办法。到时就算人口陡然下降也不会造成什么不良的社会后果。在其他情况下，为了摆脱人口过剩的困境，自然界选择减少人类的生育欲望，或者发展出一个新的自然规律，即"如果没有相应的供应来满足需求，自然界就永远不会产生生命"。这些故事表明，自然界本身是希望能有尽可能多的人口的，而且愿意在时机成熟时，朝这一目标再推进一步。

为了跟上人口增长的速度，粮食生产也必须扩大。在 20 世纪早期，小说家就曾想象过将农业扩展到用尽每一寸可耕地的情景。现在，他们把农耕扩展到了海洋和地下。未来的人们用防波堤坝围住大海湾，用来养龙虾、螃蟹和生蚝，还建造巨大的水面工厂。这些工厂好像巨大的谷物收割机一样，在海上拖着网边走边捕鱼，然后现场进行罐装或冷冻。他们还在海底种植可食用的海洋植物。第十届世界共和国总统就报告说："因为先进的科学告诉我们，可以把面包扔到水里种植，所以我们正在收获水中的果实。"农业甚至蔓延到地下洞穴，人们在那里种植菌类植物，作为人造动物饲料的基地。小说家的乐观情绪，与夏尔·里歇等科学家的预测是密不可分的。小说家坚持认为："即使人口增长了十倍，陆地和海洋也能养活所有人——我们可以对此坚信不疑。"

许多人认为未来世界就像一座城。其中一部分原因是城市有集中大量人口的潜力，因此人们可以最大限度地扩大用于粮食生产的土地面积。另一部分原因是城市化是当代社会发展的一个主要趋势。发展中的西方国家，其加速城市化的时期可以追溯到18世纪，甚至可能更早。但是，最令人叹为观止的城市增长时期，发生在1830年至第一次世界大战前夕。这一时期出现了巨大的经济扩张和人口增长，所以城市的数量和规模也相应增加。西方国家在该时期开始时，只有12%的人口居住在城市，到"一战"前夕则增长到34%。该时期初始只有一个城市的人口超过50万人，到后期则有47个同样规模的城市。到19世纪中叶，伦敦拥有250万人口，很可能是人类历史上最大的城市，并且当时还在以惊人的速度吞噬着周围的乡村。

在一个已达到发达水平的世界里，人们在设想明日之城时，普遍会产生两种观念。第一种是拥抱和赞美城市增长。19世纪末，得益于摩天大楼和客运电梯的发明，人们对未来城市的设想通常表现为一个不朽之城。这种不朽之城每个看着都差不多，就好像是从一个模子里刻出来的一样。这个纵向垂直的大都市，是如此高大、复杂和多层，似乎与自然是相对立的。美国发明家哈德森·马克西姆[1]曾写道："未来的伟大城市将是一个巨大的建筑，而不是像现在一样独立、分散、一幢幢的建筑……巨大的街道、拱廊和回廊、公园和操场，都将层层叠叠，高得令人望不到头。建筑底部由直径可达几个街区的巨型柱子做支撑。巨型街道和车

---

[1] 哈德森·马克西姆（Hudson Maxim, 1853—1927），美国发明家和化学家。他发明了各种炸药，包括无烟火药，托马斯·爱迪生称他为"美国最多才多艺的人"。

美国艺术家威廉·罗宾逊·利[1]，于1908年前后，创作了这幅引人注目的未来不朽之城图景

资料来源：美国芝加哥大学图书馆

1　威廉·罗宾逊·利（William Robinson Leigh, 1866—1955），美国艺术家和插画家，因其绘制的西部场景而闻名。

辆主干道，在空中从建筑物中间穿墙而过。这些建筑物高达两千英尺或者更高。"像这样戏剧化的城市更适合以视觉表现，所以就出现在报纸杂志，以及旅游指南和明信片上。但是，即使马克西姆提到了公园和游乐场，这些图片却很少展示任何绿色植物。因为如果展示绿色的自然元素，其实不利于马克西姆想表达的强烈信念：人类已经超越了自然，也不再需要自然。

第二种，是寻找方法解决当时城市增长所造成的严重环境问题。通常情况下，西方大城市都饱受各种问题困扰，比如过度拥挤，空气、水和土壤污染，以及缺乏公共绿地。大多数城市是在缺乏有效规划和政府管控的情况下发展起来的。这些城市更多是为了满足工业和商业的需要，而不是为了在其中生活的人们。因此，西方城市被誉为文化和经济成就的象征，但同时也因其产生了令人惊骇的环境问题而备受谴责。文化圣地巴黎密密麻麻地挤满了贫民窟；商业中心纽约在转而仔细研究公园建设之前，就已经有近百万人口；而世界金融中心伦敦则遭受着烟尘引起的浓雾困扰，人们有时会因看不见路而掉进泰晤士河淹死。对于城市规划者和小说家来说都一样，解决方法主要还是来自于科技。

未来主义者解决城市人口密度过高的方式，大多是通过把居住人口转移至更宽敞的花园式郊区，然后让人们每天通勤到城市工作。在火车和有轨电车的帮助下，这种分散化模式已经产生了，特别是在英国和美国。这似乎也是城市的一种合理进化，因为未来主义者在其认知范围内，就可预见到交通技术将会有更大的改进，比如气动火车、高速飞艇等。这些改进，都将使通勤变得更快、更便宜。在许多类似的虚构愿景中，中心城市除了商业和工业之外，几乎没有任何其他东西。因此，中心城市的规模将明显缩小。各类小说家都描述道：波士顿人口会缩减四分之三；曼哈顿北部将变回农业产区；工人通过廉价的航空运输，可以从世界各地通勤到更小规模的巴黎工作。其中一个故事讲述了一个来自过去的跨时空旅行者。他在 2199 年访问了纽约。当时人们还没有意识到人口会向郊区迁移，但是人们却已经被缩小的城市所震惊，而后开始思考托马斯·马尔萨斯会如何解释这种中心城市人口减少的现象。

在解决污染和公共卫生问题方面，科技也将发挥至关重要的作用。明日之城的空气新鲜清爽，正是因为电力已经取代煤炭。河流清澈明亮，污水经过化学处理后，运到农村作为肥料使用。因为疫苗的广泛接种，以及火葬和新的清洁卫生习惯，公共健康得到了改善。儒勒·凡尔纳在其 1879 年的著作《贝格姆的财富》（*The Begum's Fortune*）中，就把这种干净卫生的乌托邦与工业化的乌托邦作了对比。一个法国人在美国西北部建造的弗兰克威尔（Frankville）城，就采用了一系列的卫生创新技术：砖房、低密度城市发展、水资源补给、清除烟雾颗粒，以及用可清洗的地板和墙壁代替地毯和墙纸。书中的一位观察者写道："中央政府的主要工作就是清洁，不停地清洁，以便净化一个大社区不断释放出的毒气。"相比之下，由一家德国军火商在 40 公里外建造的工业城市"斯坦费德京东曼陀罗"（Stahlfeld），或者"钢铁之田"，可谓是名副其实地破坏了周围的景观。

为了给城市增添绿意，未来主义者不太看重科学技术，而更看重规划。19 世纪中叶极具推动作用的国际城市公园运动，就强调用园林大道连接所有的大型乡村公园。但是，有些小说家则设想得更远，他们设想用树木、绿化带和草坪把城市居民完全包围起来。埃米尔·卡尔维[1]的巴黎乌托邦，就把城市街道规划在建筑物的背面。这样，建筑的正面，人们开门的方向就可以朝向宽阔的绿地。查恩西·托马斯[2]笔下的未来波士顿，联排的街边建筑在温和的秋季会被树叶覆盖。奢华的屋顶花园，在设想的未来特别流行。这些屋顶花园，通常用于玩乐（有时草被设计成不超过 2.5 厘米高），但偶尔也作为菜园供应蔬菜给城市居民。当一位来自过去时代的游客，惊叹于未来城市是多么像花园时，他的导游也情不自禁地同意其观点。导游解释说："屋顶花园是花坛，公园是用草皮铺的，街道和林荫道是碎石路。"

19 世纪最具影响力的城市乌托邦，出现于爱德华·贝拉米[3]在 1888 年出版的《回顾：2000—1887》中。贝拉米的书也是 19 世纪最畅销的作品之一。该书在大西洋两岸备受欢迎，还激发了几个乌托邦社区的成立，以及一场社会改革运动。他设想了 2000 年世纪之交时波士顿的样子，描绘了一个几乎完全以工厂制品的生产与消费为中心的城市社会，而人口则被编入一支工业生产大军。贝拉米几乎没花什么篇幅描述城市本身的样子，只说有宽阔的街道、大广场和坐落在公园式围栏内的巨大建筑。但是，他的书给人一个明确的印象，就是一个以技术驱动并以消费为导向的巨型城市，

---

1 埃米尔·卡尔维（Emile Calvet, ?—?），法国作家。
2 查恩西·托马斯（Chauncey Thomas, 1822—1898），美国技术乌托邦作家。
3 爱德华·贝拉米（Edward Bellamy, 1850—1898），美国作家、记者和政治活动家，其乌托邦小说《回顾：2000—1887》（*Looking Backward: 2000—1887*）最为著名。

已经让城镇、村庄和乡村生活完全失色。

贝拉米对未来城市的设想，一直困扰着威尔斯。之后，他利用未来的城市空间，探索城市过度集中的负面后果。从 1897 年到 1899 年，威尔斯写了两个故事，背景是 22 世纪的英国。那时的人都群居在少数几个玻璃围住的蜂巢状巨型城市里。随着时间的推移，较小的居民区已经消失：新的电气技术让人们更希望生活在全面连通的城市中，城市之间的交通又快又便宜，以至于人们出行时，都不需要在沿途的城镇和村庄停留休息了。因此，虽然乡村地区已经完全交付给人类用于发展农业、牧业，以及建造风力涡轮机，但是农村并没有长住居民。甚至农村里仅存的少量农业工人，也都住在城市里，他们每天通勤到农村工作。威尔斯写道，"城市已经吞噬了人类"。

为了探索人与自然由此产生隔绝所造成的影响，威尔斯的故事就跟随着一对新婚夫妇离开伦敦，去追求过去对浪漫冒险生活的幻想。他们跌跌撞撞地走进一个荒废的村庄，然后在一栋破旧的建筑中居住下来。起初，事情进展得还算顺利。他们花了整晚时间惊叹于月朗星繁，又在清晨鸟鸣中醒来。但是，就算有一个美好的开始，他们很快就发现自己完全没有准备好参与大量的户外活动。这对恋人感冒了，觉得日子越来越无聊。之后，他们把花园翻了个底朝天，却发现没有东西可种。又过了几天，一场冰雹的到来，让他们无处遁形。这也是他们有生以来，第一次陷入绝对的黑暗之中，"他们仿佛处在另一个世界，压力和心绪不宁让他们觉得到处都是毫无头绪的混乱"。第二天早上，一群看守附近一家大型食品公司羊群的牧羊犬又袭击了他们。他们觉得是时候回家了。丹顿承认："我们处于城市时代，再发生这样的事情会杀死我们。"在离开之前，伊丽莎白弯腰亲吻了一朵小花的花瓣。这朵小花代表了她所渴望却不能拥有的一切。

无论当时的小说作者们对未来城市有着怎样的感受，他们无一例外都用电力而不是蒸汽来给城市供能。电报、电话、留声机、电弧灯和白炽灯等产品的民间应用相继出现后，发电厂就成了极富吸引力的地方，也是常见的旅游景点，尤其是用尼亚加拉瀑布[1]水能发电的电厂。在书中的未来世纪，许多世界博览会经常把整个建筑都通电，甚至将其设为博览会主题。然后，在博览会的夜晚，上演梦幻般的灯光秀，按个按钮的工夫就能让夜晚光亮如白昼。电力是无声、无形，且难以理解的，但它以人们可感知的形式，让世人为之惊叹。电力似乎不仅提供了无限动力，而且许多人还认为它是人类灵魂的本源，甚至生命的本源。由于电力的出现，使得人类有望加快生活的节奏，并获得法国插画家阿尔伯特·罗比达[2]所说的"电力生活"。

由于大众预测，随着时间的推移，煤炭会变得越来越稀缺和昂贵。科学家和小说作家开始期望明日之城能用可再生资源发电。大部分科学家都有个人喜好的倾向：著名苏格兰物理学家开尔文

---

1 尼亚加拉瀑布（Niagara Falls），由三个瀑布组成的瀑布群，位于尼亚加拉峡谷南端，横跨加拿大安大略省和美国纽约。

2 阿尔伯特·罗比达（Albert Robida, 1848—1926），法国小说家、插画家、版画家、讽刺画家、记者，代表作《二十世纪》（*The Twentieth Century*）。

勋爵 [1] 喜欢风力发电；史密森学会 [2] 的塞缪尔·兰利 [3] 更喜欢太阳能发电；夏尔·里歇则预测水力发电将在各地持续发展。对于小说作家来说，他们则接受了所有观点甚至更多。在他们笔下，未来的人能利用潮汐、河流和瀑布发电；把铜棒植入地下深处以提取地热能；给水通电以制造氢燃料；用巨大的镜子和透镜聚焦收集太阳光；把风力涡轮发电机覆盖到建筑屋顶、山峰和船只的桅杆上；在太空轨道上设置巨大的磁铁，从大气层中收集电能，然后通过连接牵引的电线，把电力传导到地球上。《电气时代》[4] 杂志的一位社论主笔写道："没有一个真正的工程师，会相信在我们周围有这么多的能源，人类的进步和工程师的工作，会随着煤田的枯竭而终止。"

普罗米修斯之梦

到 19 世纪 70 年代，西方对自然环境的掌控已经增长到史无前例的程度，以至于地质学家都开始宣称一个新的地质时代的到

1　开尔文勋爵（Lord Kelvin, 1824—1907），英国数学物理学家、工程师，也是热力学温标（绝对温标）的发明人，被称为"热力学之父"。他因发现温度的下限（即绝对零度）而出名。

2　史密森学会（Smithsonian Institution），由美国政府"为增加和传播知识"而创建的一组博物馆和教育及研究中心，是世界上最大的教育和研究机构。学会成立于 1846 年 8 月 10 日，不属于联邦政府任何部门，最初是为美国国家博物馆组织建立。1967 年，该学会名称在行政系统中已不存在。

3　塞缪尔·兰利（Samuel Langley, 1834—1906），美国天文学家、物理学家、数学家，航空先驱，测热辐射计的发明者，史密森博物馆馆长。

4　《电气时代》（*ELECTRIC AGE*），19 世纪末纽约出版的杂志。

来。在这个新地质时代，人类已经可以骄傲地与其他自然力量相提并论。在意大利，安东尼奥·斯托帕尼[1]在深入考虑未来发展情况以后，创造了"人类代"这一术语。他写道："当我们说到人类代时期时，我们不是指已经过去的几个世纪，而是指未来的几个世纪。"美国的约瑟夫·勒孔特[2]创造了"灵生代[3]"一词，他强调说：我们要思考人类思想的力量是如何使人类成为世界上"变革的主要推动者之一"。这些新的术语并没有像21世纪提出的地质概念"人类世"那样引发民众的矛盾心理。相反，这些新术语表达了人类对过去已实现的成就和未来即将实现的成就感到自豪。

在这种充满期待的氛围中，未来主义者试图为人类更便利的生活而改变地球，他们想出了更富雄心壮志的计划。他们采用的办法是对地球的构成进行深层次干预。这些计划也代表了西方文化所梦想的最可能实现的未来改造。未来主义者大部分时间都受到最新科学研究的启发，但有时也会认真考虑问题。只是，他们经常发现小说世界更有吸引力，也更容易捕捉公众所坚信的未来设想。因为人们相信，即使这些东西今天不能实现，明天也肯定会实现。

随着气候学家放弃清除森林和沼泽可以让西方变暖的想法，未来主义者开始想象用更多的技术手段来改变气候。1874年，苏

1　安东尼奥·斯托帕尼（Antonio Stoppani, 1824—1891），意大利天主教神父、爱国者、地质学家和古生物学家。他是最早提出人类活动主导地质时代的人之一，并指出人类活动改变了土地的形状。

2　约瑟夫·勒孔特（Joseph Leconte, 1823—1901），美国医生、地质学家、加利福尼亚大学伯克利分校教授和早期加利福尼亚环保主义者。

3　灵生代（Psychozoic），从人类出现在地球上开始的相关时期。

格兰医生安德鲁·布莱尔[1]就曾构思过一个未来的社会。他说未来社会将从格陵兰岛钻入地心，然后释放出大量的地热。这些地热足以引发一场"热量革命"，然后把地表下的热量运至全球各地。在布莱尔的未来世界，最后一次降雪记录是在 2800 年。美国的小说家们，则设想着建造改变气候的巨型屏障。其中一位小说作者说，要建一堵将近 3.2 公里的墙，有计划地引导大气环流。另一位作者设想建造一组沉入大西洋的人工礁石，可以改变水流方向，把温暖的水引向欧洲和北美。这个设计正是响应了哈佛大学地质学家纳撒尼尔·沙勒[2]的想法。沙勒在 1877 年建议，美国政府可以考虑拓宽白令海峡[3]，然后把更多的太平洋暖流引入北极。法国的阿尔伯特·罗比达设想，用电力捕捉寒冷的北风，然后改变北风的路线，再把它们引入温暖地区。他写道，人类将指挥大气层，并依照人类的喜好重新设计季节。

让撒哈拉沙漠繁花似锦，长期以来一直是普罗大众的一个幻想。到 19 世纪 70 年代，这一幻想终于获得了一些科学支持。根据勘探和调查所获得的信息，法国地理学家弗朗索瓦·埃利·鲁

1　安德鲁·布莱尔（Andrew Blair, 1849—1885），英国苏格兰医学博士，作家。

2　纳撒尼尔·沙勒（Nathaniel Shaler, 1841—1906），美国古生物学家和地质学家，曾发表过大量有关神学和科学关联性的进化论论文。

3　白令海峡（Bering Strait），太平洋的一个海峡，位于亚洲最东点的迭日涅夫角和美洲最西点的威尔士王子角之间。海峡连接了北冰洋楚科奇海和太平洋白令海，位于俄罗斯和美国阿拉斯加州中间。它的名字来自丹麦探险家的维他斯·白令（Vitus Bering）。

代尔[1]和英国工程师唐纳德·麦肯齐[2]都提出了将海水引入撒哈拉低洼地区的计划。法国人希望将他们的控制权从地中海深入北非，而英国人则希望有一条更便捷的路线能从大西洋到苏丹。随着新近建成的苏伊士运河开始运行，似乎开凿引水入沙漠的技术已经近在眼前。到了20世纪，这个想法开始愈加引起人们重视。当时《科学人》[3]的一位作家，认同法国的另一个计划，即建立一个巨大的内陆海。但是，也有人反对这一计划，说这可能使北欧陷入一个新的冰川时期。而且，如果把这么多重量的水转移到地球的另一个地方，可能改变地球的平衡状态。显而易见，小说作者就喜欢这种想法，而且热衷于从各种角度描绘这项措施。1905年，在儒勒·凡尔纳逝世前出版的最后一本书中，就描述了最著名的内陆海建设项目。

　　未来主义者也喜欢铲平地球山脉这样的想法，而且是要铲平所有的山头。德利尔·海的《三百年后》（*Three Hundred Years Hence*）一书里提到，世界政府开始摧毁新西兰和南美洲的山脉，以开发更多的农业用地。然而，政府最终停止了这项工程，因为他们想出了一个更好的主意来实现目标。政府开始在海床上打桩子，然后把所有的人口都迁到建在桩子上的城市里。这件事被后

1　弗朗索瓦·埃利·鲁代尔（François Élie Roudaire, 1836—1885），法国作家、军事家和地理学家。他与费迪南·德·莱塞普斯（Ferdinand de Lesseps）一起，主张通过淹没撒哈拉沙漠中低于海平面的地区来创造一个内陆的撒哈拉海。

2　唐纳德·麦肯齐（Donald Mackenzie, ?—?），19世纪英国工程师。

3　《科学人》（*Scientific American*），美国科普杂志。自1845年创刊以来，许多有很高声誉的科学家都曾投稿发表于该刊物。该刊物亦是美国境内最古老的连续出版的月刊杂志，被认为，是最高水准的科学期刊之一。

为了展示未来的人类控制气候的能力，法国艺术家阿尔伯特·罗比达的画中，吉萨狮身人面像[1]被水包围着，被大雨拍打着。天气控制器给金字塔戴了一个顶冠。三个打着伞的旅行者，艰难地走向藏在狮身人面像后面的一家咖啡馆

资料来源：美国盖蒂研究所

1　吉萨狮身人面像（The Great Sphinx of Giza），一座石灰岩雕像，刻画了一种人头狮身的神话生物。它由西向东，矗立在埃及吉萨尼罗河西岸的吉萨高原上。狮身人面像的脸是埃及法老卡夫雷。

人称为"出海记[1]"。相反，在安德鲁·布莱尔笔下，千禧之交时，代表基督教的未来社会，就看到了除山工程的完成。布莱尔在书中用大量篇幅和许多军事化的比喻，来描述人类如何通过用撞车[2]冲击、用酸溶解、用电螺栓炸毁等方式，来摧毁巨大的山脉。一旦山脉被夷为平地，人们就把有价值的矿物收集起来，工程师们就开始把地球表面重塑成更有用、更令人满意的形式。故事主人公反映道："因为环境混乱，人们往日所拥有的地球土地都已剥夺殆尽。我们已经把地球表面改造成了一大块人工地形雕塑，一个大型伊甸园"。

小说中还有一种颇为浩大的工程，即创造新的陆地以容纳不断增长的人口。在阿尔伯特·罗比达的《二十世纪》一书中，资本家为了解决居住问题，就花钱在太平洋上建造一个全新的大陆。工程师们从喜马拉雅山脉和落基山脉上切割下大石块，然后把它们沉入海底，再在上面建造柱子和框架。通过这些方法，让距离遥远的岛屿之间，实现互联互通。工程师为了完成这个工程，从印度、美洲进口土壤，也会在世界各大河流的底部开采土壤，然后从全球各地引入可用的植物和动物物种到人造大陆。另一个距今更遥远的未来社会，则已经填平了世界上所有的海洋，只留下一些又大又深的运河，作为下水道使用。读者从书中可知，未来

---

1 出海记（Terrane Exodus），源于圣经《旧约》里的故事《出埃及记》（*Exodus*），主要是讲述以色列人如何在埃及帝国受到迫害，然后由摩西带领他们离开埃及的故事。该处引用《出埃及记》，表达世界政府带着人类离开土地而到海上生活。

2 撞车（Batteringram），一种攻城器械，在四轮车上安装撞木，前裹铁皮，以冲撞的力量破坏城墙或城门。

人口持续增长的话，可能最终要把这些河流地区也都填平。

俄罗斯作家亚历山大·库普林[1]设想了一个普罗米修斯计划，可以在煤炭耗尽后为世界提供能源。他把整个地球变成一个电磁感应线圈来供能。到了 2906 年，世界上的科学家花了整整一代人的时间，把 48 亿公里的钢缆从北到南缠绕在地球上。然后，科学家在两极建造巨大的终端，再把二级电缆排布到全球所有需要电力的地方。经过一年的运行，地球上"取之不尽用之不竭的电磁力"成功地给每一个工厂、农业机械、火车和轮船供能，并照亮了每一条街道和家庭。所有这些工程，都没有造成像煤炭那样的环境破坏。虽然很多人最初对这个项目抱有怀疑和恐惧的态度，但是它永远地解决了人类的能源问题，而且可以做到长期大量供应。小说中所有具有类似这种普罗米修斯式豪情壮志的工程，都可以用这个故事中的一句话作口号："荣耀属于地球上唯一的神——人。"

小说作者也开始寻找地球以外尚未开发的资源。西方人把外星环境当作开采资源的殖民地的构想，可以追溯到 17 世纪，当时伽利略首次注意到月球有类似地球的特征。但是，儒勒·凡尔纳在 1865 年出版的《从地球到月球》（*From the Earth to the Moon*）还有其他科幻作品中，都已经开始向更多读者输出这种观点。到 19 世纪末，小说家笔下未来的人类可以定期把小行星撞向地表，以便于采矿作业或者造出新的大陆。他们还能与外星帝国争夺资源丰富的星球，也能通过提取大量的氧气和氮气，对"木星的气

1　亚历山大·库普林（Alexander Kuprin, 1870—1938），俄国小说家。他的小说多以自身
　经历和接触到的真人真事为基础创作，作品表露出对小人物和弱者的深切同情。

态表层造成巨大的破坏"。科学家通常在故事中扮演一个重要的
角色。罗伯特·威廉·科尔[1]在《帝国争霸：2236 年的故事》中写
道："人们欣喜于这种力量。白发苍苍的科学家们在黑暗的太空深
处驾驶着舰船，同时在世界范围内扫荡珍宝和奢侈品。有些人甚
至在舰船的后面，拖着大量价值连城的岩石或贵金属。稀有又美
丽的植物被连根拔起，奇异的动物也被捕获，都一并装在船舱内，
最终被摆放在伦敦或世界上其他大城市里。"人类对太空的征服，
似乎和对地球的征服非常相像。

　　在这一时期所假想的环境项目中，最大胆的是人们试图把地
球相对于太阳的中轴线摆正。众所周知，地球的倾角导致了四季
的产生，而科学家们一直在探索地球轨道与倾角的波动，和历史
上气候变化之间的关联性。但是，儒勒·凡尔纳却把这一自然变
化过程，说成是人类的雄心抱负。1889 年，他刊登了一个幽默的
冒险故事。故事讲述了一个私人公司认为北极下面有煤炭资源，
而把北极买了下来。该公司宣布，他们将通过改变地轴倾角，使
地球与太阳垂直，从而增加每年两极的日照时间，最后融化冰层。
对公众来说，故事的一个最大卖点是，它看似有一个对人有益的
副作用：在世界范围内，可以创造一个全年不变的季节。

　　故事开端部分，世界对这条新闻表达了极大的热情。农业可
以在最有利的气候条件下全年耕种，人们可以选择在最喜欢的季
节生活。但是，公众很快意识到，地球移动的过程可能会产生灾

1　罗伯特·威廉·科尔（Robert William Cole, 1869—1937），英国摄影家和作家。其作
　品是早期科幻小说和未来战争小说的代表，著有《帝国争霸：2236 年的故事》（The
　Struggle for Empire: A Story of the Year 2236）等。

难性的海洋位移，然后淹没一些地区，但是又使得其他地区长期处于高海拔和干燥状态。随着紧张局势加剧，警方突袭了该公司的办公室，发现他们正在建造一门巨型大炮，其后坐力足以移动世界。为了找到在乞力马扎罗山[1]脚下公司秘密建造的大炮，一场比赛开始了。虽然有关当局来不及阻止大炮发射，但是损失只在当地范围内。因为该公司的数学家在之前的计算中，不小心少了几个零，他也低估了完成这个任务所需的力量大小。随后的研究发现，改变地轴倾角所需要的大炮数量，就算把地球表面放满了也不够容纳。凡尔纳在故事的结尾总结道："从此，世界上的居民可以安然入睡了，因为人类根本没有能力改变地球的运动轨迹。"

美国商人也是世界首富之一的约翰·雅各布·阿斯特[2]，并不认同凡尔纳的质疑。阿斯特在 1894 年出版了一部小说，描述了公元 2000 年的美国。小说的主要内容是"地轴回正公司[3]"的一个改造地球的计划。该计划顾名思义，就是打算把地轴倾角变成与地球公转轨迹垂直。其他作家更倾向于效仿凡尔纳笔下的未来世界，而把"地轴回正公司"的计划描绘成会对环境造成巨大危害，

1　乞力马扎罗山（Mount Kilimanjaro），位于坦桑尼亚东北的乞力马扎罗区，临近肯尼亚边界，是非洲的最高山，常被称为"非洲屋脊""非洲之王"，也是联合国世界遗产。

2　约翰·雅各布·阿斯特（John Jacob Astor, 1864—1912），美国商业巨头、房地产开发商、投资者、作家、美西战争中校，阿斯特家族的杰出成员。1912 年，他死于"泰坦尼克号"（Titanic）沉没。

3　地轴回正公司（Terrestrial Axis Straightening Company），地球的南北极自转轴，与公转轨迹之间存在一个倾角，所以形成地球的四季。该公司名的英语本义即改变地球自转位置，取消地球自转轴与公转轨迹之间的倾角，形成相互垂直的状态，因此就可以消除四季变化带来的影响。

肯定是贪得无厌，只追求利益的私人公司才会做的事情。而阿斯特却把这一计划描述成只有好处没有风险。其中一个原因，可能是他的地球侧翻机械并不像凡尔纳所说的要用到炸药，而是根据压舱物[1]的原理工作。阿斯特小说里的公司在两极建造巨型盆地作为容器，然后根据需要把水抽入或抽出调整重量，然后使地球向指定方向侧翻。阿斯特在小说结尾总结说："在世界历史上，人类实现了地轴回正，相当于给自己树立了一座辉煌的纪念碑，用以纪念人类战胜自然的天赋异禀。"后来一位受人尊敬的纽约工程师提出了一个真实可行的建议，延续了阿斯特的这种狂热。他主张融化北极，以增加地球的倾角，从而改善北半球的气候。

摆脱自然的束缚

这些愿景的终极结局是一个幻想：人类会想象自己的道路，或许能比完全征服自然，甚至超越自然走得更远。在西方文化中，追求"更高"文明，不仅可以拥有更多科技知识，而且可以利用这些知识使自己彻底远离自然世界的文明。从多方面看，文明的理念是衡量一个社会与非人类自然距离的标尺。同样，文明的理念也可以用于衡量一个社会处于向上攀登的进步过程中的哪一个位置。因此，所有人类能企及的最高等文明，都将完全不受自然界束缚，特别是受自然有机物质的束缚。

1　压舱物（Ballast），现代船舰（货轮、油轮等）为了维持空载运时船舰重心的稳定度，不至于轻易翻覆，而汲取海水、河水或湖水等到船舱内，以增加船舰的重量，也可应用于车辆、气球、飞艇吊舱中。

对于人类的食物，下一步就是从自然原生的有机物中提取人体营养所需的物质。许多未来主义者期望，科学家通过化学的魔力，可以从任何一种植物元素中合成任意种类的食物。苏格兰裔美国学者约翰·麦克尼[1]于 1883 年发表的乌托邦作品中就提到，最关键的蔬菜是玉米。他书中 96 世纪的一个导游就解释道："我们的牛奶是由玉米制成的人工产品。所以，在很大程度上，我们的牛肉，正如您所说，以及其他类似的食品……都只用了玉米为原材料。"这种先进科学的成就总是让人引以为傲。一位 21 世纪初的居民也吹嘘说："不用说，这些鸡蛋不是母鸡下的。它们是人工蛋白以奇妙的方式合成的。没有母牛产出的牛奶，也制成了奶酪，没有葡萄树长出的葡萄，也制成了葡萄酒。"

在更高的文明等级上，人们直接用无机材料制造食物。在一些未来的社会，人们从空气中采集氮气来制造纯人工合成的食物，而其他社会则以加工后的煤或砾石材料为生。一个女权主义乌托邦的女导师告诉她的访客："当你可以像我一样吃石头时，你的人民就可以远离贫穷和疾病了。"用岩石、化学品和气体制作营养美味的食物是一种进步的象征，不仅反映了科学水平的高精尖，还表明了人类不再依赖有机自然。这样的饮食方式，使人类几乎完全摆脱了自然约束。

小说中对人工合成食品的描写，往往是以食物丸的形式出现。这一点直接源于当时的食品科学。最著名的倡导者是法国化学家

1　约翰·麦克尼（John MacNie, 1844—1909），美国教育家、科幻作家。

马塞林·贝特洛[1]，他因研究有机合成化合物而闻名。在 19 世纪
90 年代，他坚定不移地说，化学生产的食品有一天会出现在菜单上。
他也提醒人们："我并不是说我们应该马上给你们提供人造牛排。
我也不是说我们应该永远给你们提供现有的需要烹煮的牛排……
但是，食物可以像一个小药片一样，它可以是任何你想要的颜色
和形状。我想，这完全可以满足未来人类舌尖味蕾的需求。"美
国芝加哥大学的化学家乔治·普拉姆[2]也同意这一想法。他预言未
来有一天，厨房里除了热水和食物丸之外什么都没有。营养科学
的创始人之一威尔伯·奥林·阿特沃特[3]，对这一观点则更为谨慎。
他觉得，如果人工合成食物能实现的话，我们还是要等到遥远的
未来才能看到希望。但人工合成食物的发展潜力给了阿特沃特希
望，他不需要担心人类的食物供应了。

对于倡导人工合成食物的人来说，合成食品确实是有不少优
点。第一，合成食品营养丰富但没有味道，可以依照厨师或消费
者个人的任何意愿来调味。第二，人们可以快速食用。德国科幻
作家库尔德·拉斯维茨[4]就曾写过，2371 年时，日理万机的商业人
士是如何"吞下各种由通用强力浓缩丸做的菜肴，让他们能够在

1　马塞林·贝特洛（Marcelin Berthelot, 1827—1907），法国著名化学家，研究脂肪和糖的
　　性质，合成出多种有机物。他对化学热效应的研究推动了物理化学的发展。他还是爆
　　炸机理和爆炸波研究的先驱者。他发现了微生物的固氮作用，并且出版了大量的化学
　　史专著。

2　乔治·普拉姆（George Plumb, ?—?），美国化学家。

3　威尔伯·奥林·阿特沃特（Wilbur Olin Atwater, 1844—1907），美国化学家，以研究人
　　类营养和新陈代谢而闻名，被认为是"现代营养教育研究之父"。

4　库尔德·拉斯维茨（Kurd Lasswitz, 1848—1910），德国作家、科学家和哲学家，被誉
　　为"德国科幻小说之父"。

几秒钟内吃完几道菜"。第三，人工合成食品非常便宜，政府可以免费提供给穷人，彻底消除饥饿。有些作家也确实把人工合成食品描述得不那么美好。美国记者安娜·鲍曼·杜德[1]，在她的社会主义反乌托邦作品中，把政府提供的液体和丸状食品，描绘成与社会本身一样灰暗、了无生气和令人乏味。但是，她这样的说法，相较于其他支持食物丸的人来说，也算是反其道而行之。

如果有足够的时间和正确的方式助推一下进化，人类也许能够远超以自然为根基的生存方式。到 19 世纪 90 年代，小说家们经常把遥远未来的人类，描绘得好像具有生物学差异一样。他们一般都有更大的头，以便容纳更发达的大脑，而身体却变得异常弱小。赫伯特·乔治·威尔斯给上述进化趋势提供了一个更合乎逻辑的结论。他的一本书里，描述了 100 万年后人类的样子，此书后续又对很多人产生了深远影响。威尔斯笔下的未来人类没有牙齿，也没有头发，只有退化的耳朵、鼻子和嘴巴。他们不是通过吃有机食物来给自己提供养分，而是通过在化学营养液中游泳，所以只有他们的手依然强壮发达。除此之外，"他们全身的肌肉系统、腿、下腹部，都萎缩得所剩无几。这些都只是他们思想之外的一个退化了的晃来晃去的挂件而已"。威尔斯秉持着一个原则，人类进化轨迹将在一段时间内，把人与动物的大多数关联性特征都抑制住。讽刺的是，一旦放弃了这种亲属关系，他笔下的这些未来人，似乎也失去了人性的光辉。

要把自然和文明之间的距离最大化，对小说作者来说最好的

1　安娜·鲍曼·杜德（Anna Bowman Dodd, 1858—1929），美国纽约作家、记者。

赫伯特·乔治·威尔斯在《百万年后的人》(*The Man of the Year Million*)中写道，进化最终能把人类从依赖自然中解放出来。其文中的这幅插图展示的是未来的人类从化学浴中获得他们所需的所有营养物质

资料来源：美国伊利诺伊大学香槟分校稀有书籍和手稿图书馆

方法之一，就是将人类社会迁移到地下，在一个完全人造的环境中生活。即使如此，最终地下生活也往往与地面生活十分相似。有一个故事就把背景设在 2882 年。作者想象因为人口太多，要建造无数地下楼层来容纳他们。但是，大多数楼层的天花板都被设定为 150 米，因为"人们认为天空大概达到这个高度，就看起来相当自然"。在地表深处，人造的绿色空间四处可见。波光粼粼的

溪流穿过芳香馥郁的人造植被景观。当人们望着这些设计的地下景观时，总是能马上找到遥望苏格兰高地的感觉。居民们认为拥有这种人造的居所是一种优势，因为它给人类提供了改造自然的机会。人们用合成材料编织的仿生植物，既不会腐烂也不会变黄。而带有增强香味的假花，也可以在四季变换中芬芳四溢。当时的一位居民解释道："我们起初死心塌地地要精确模仿自然界的模式，但是其实这种想法既无谓又绑架了自己。而现在，我们终于可以自由发挥人类的想象力了。"所以，地下生活为人类提供了又一个超越自然的机会。

然而，若对地下生活深思熟虑一番，就会发现人与自然界彻底分离必定要付出一些代价。在爱德华·摩根·福斯特[1]的经典短篇小说《机器休止》（*The Machine Stops*）中，大部分人类已经迁移到地下城市，并由一个名为"机器"的综合技术系统管理。至此以后，地下城市居民的生老病死都在这个技术系统里。他们只要坐在私人房间的单人椅上按一下按钮，就能得到食物、娱乐，甚至医疗服务等所有生活需要的物质与服务。虽然人们是通过和21世纪社交媒体很相似的一个系统，一直不断地甚至是成瘾般地相互交流，但是人们已经变得害怕各种切身体验了，而且个体更需要保持一定的孤立状态。当机器开始出现故障并最终停止的时候，地下文明将毁于一旦，所有的居民都在一夜之间死亡。

这种对人工环境的过度依赖，其代价不仅会使社会衰退，而

---

1 爱德华·摩根·福斯特（Edward Morgan Forster, 1879—1970），英国小说家、散文家。曾荣获英国最古老的文学奖詹姆斯·泰特·布莱克纪念奖（James Tait Black Memorial Prize）。美国艺术文学院设立福斯特奖（E.M. Forster Award），以纪念这位伟大的作家。

且还会导致生物的退化。故事里的人类已经进化成了一种肥胖、苍白、秃顶、没牙、软弱无力的生物。这样的形象贯穿了故事的始终。人类的头上都长着大大的眼睛和硕大的耳朵，性格也更倾向于服从。机器是鼓励这种转变的，其中一个方法就是通过把可能获得强健体力的婴儿实施安乐死。故事里的人解释道：一个精力充沛的孩子"会渴望有树可爬，有河玩水，有草地和山丘打闹，以便衡量自己的身体有多强壮"。由于机器没有提供上述环境，所以要让人类适应机器所提供的环境。故事结尾给人的启发是，人类在追求舒适和利用自然的路上已经走得太远。故事的主人公写道："人类的进步已经变成了机器的进步。"人类的最终结局是变得堕落无用，而不是成为世间之神。

1896 年，著名的法国社会学家加布里埃尔·德·塔尔德[1] 创作了一个匪夷所思的、关于未来的地下生活的故事。他探讨了人类与自然环境长期疏远后，所产生的心理冲击。该书翻译成英文后名为《地下人》（*Underground Man*），由威尔斯作序。该书描述了一个地下社会，在发现太阳意外地开始迅速冷却前的几个世纪，人们被迫离开地面生活。塔尔德的意图是把这本书作为一项社会学实验。他想回答的研究问题是：如果人类社会保留了其技术和文化成就，但在历史上第一次彻底不再受有机自然的影响，将会发生什么？19 世纪前的几代人，可能都无法构想出这种问题。但是到了 19 世纪末，西方的成就和野心的增长，让人们开始有机会

1　加布里埃尔·德·塔尔德（Gabriel de Tarde, 1843—1904），法国社会学家、犯罪学家、社会心理学家。

去设想，人类如何彻底摆脱自然环境。

塔尔德笔下的人物，在适应了地下生活 600 年后给出的答案是，这种转变赋予人类激发所有潜力的自由。地面的生活，其实是在做自然的奴隶。现在，人类享有百分之百的自由，不再受突如其来的暴雨、气旋、雷击、动物袭击的影响，也不再受变化莫测的太阳的影响。自然界的太阳，只在它想发光的时候才发光，而且决定着日夜的时间。与更广袤的自然世界断了联系并不令人遗憾，因为动植物只是"创造物中的草图"，也是"在地球寻求人类生存形式过程中进行的摸索性实验"。此外，从远古的音频和视频记录中，人们发现了自然元素，比如雷雨、山洪、夜莺的歌声。这些都揭示出，自然界的奇迹远没有诗人和小说家笔下那些让人浮想联翩的世界引人注目。相比之下，人类地下回廊的设计和装饰是如此壮美辉煌，可以唤起人们的庄严崇高感，使人们感到"就像往日的旅行者步入原始森林的暮色中一样"。现在，人类百分之百专注于自己的作品，只能自己感动自己了。

然而，就算有这么多的作品可以自我鼓励，人们还是对已失去的自然世界抱有无尽的依恋。即使过了六个世纪，艺术家和建筑师在其作品中，依然融入了许多自然图像。这些图像的运用，甚至比地表被破坏之前所设计的作品还要多。自然科学家依然不断翻阅堆积如山的地表环境数据，就像早已逝去的贝多芬在失去听力后依然继续作曲一样。自然科学家在无法直接观察自然界的情况下，构建出自然界的新理论。故事里的人物说："当诗人向我们讲述蔚蓝的天空、海面的地平线、玫瑰的芬芳、鸟儿的歌唱，以及所有那些我们的眼睛从未见过、耳朵从未听过的东西，甚至我们的感官都忘了的感觉时，我们的思想一旦基于一种奇怪的本能在心中勾勒出它们的形象，霎时就泪眼婆娑。"

事实上，塔尔德笔下的未来人，他们对自然界的缺失有如此刻骨铭心的感受，导致他们看起来都心绪不宁。他们似乎在四处寻找同行的旅伴。科学家得出结论，分子是有想法和欲望的，因此构建了"原子心理学"。故事里的人物说道：多亏我们还有工作，才能"在一个冰冷的世界里不再感到孤独。我们意识到，那些岩石是有生命和活力的。这些有生命的石头，给我们的心灵传达了一些信息"。那些"愤青"更揭露了一些事情，他们"坚持不懈地谴责，我们现在没有白云和夜晚的一天是枯燥无味的，我们的一年没有四季，我们的城镇没有乡村生活"。故事里的人物承认，到了五月，在普通民众中都产生了同样的烦躁不安。他更愿意把这种感觉看作是外部原因，就好像春天里"游荡的幽灵会在固定的季节回来拜访我们，用她那萦绕心头的不安，不断地撩拨我们"。但是，这种感觉的起源显然是由内而生。它产生于人类无法逃脱自己的自然属性这一事实。根据这些内容，塔尔德社会学实验的真正结果变得清晰无比：完全脱离有机自然，只会不断产生一种无休止也无法治愈的分离感和失落感。

对环境浩劫的设想

西方国家在环境发展上的抱负，恰巧与人类对资源匮乏的恐惧相吻合，尤其是对森林资源匮乏的恐惧。19世纪中叶，英国开始在印度制定森林保护法。到了1864年，美国环保主义者乔治·帕金斯·马胥[1]出版了《人与自然》(*Man and Nature*)一书。该书经由马胥精心研究,现已成为经典的环保号召令。他在书中警告说:"对于高贵的原住民来说,地球正在迅速变成一个不适宜居住的家园。这也是一个把人类的目光短浅与犯罪相等同的时代……这会使人类社会被迫陷入生产力低下、地表支离破碎、气候过度变化的状况,而后导致物种退化,变得野蛮残暴,甚至可能面临灭绝的危险。"然而,贪得无厌又浪费资源的传统商业运作仍然是现行社会的普遍规则,比如林业运作就是如此。美国的环保运动全面启动,尚需要等到整整一代人之后才能看到。那时环保运动才能开始影响联邦政府对国有森林的管理。即使到那时,人类环保的目标还是管理资源,从而使资源可以继续满足未来的增长需求。

同样可怕的是,工业活动可能以某种出人意料的方式破坏地球。开尔文勋爵于1897年宣布,人类活动将在大约500年内,耗尽所有可呼吸的氧气。这一消息引起了不小的轰动。开尔文计算了大气中的氧气量,并得出结论:大量燃烧煤炭会消耗氧气,而破坏补充氧气的森林,最终会使自然界所产生的氧气量减少到零。开尔文的这一说法,随后被大西洋两岸的新闻媒体争相报道。同时,他的理论也促使了一位美国科学家做出预测:总有一天,可呼吸

1　乔治·帕金斯·马胥(George Perkins Marsh, 1801—1882),美国外交官和语言学家,被认为是美国第一个环保主义者,并通过认识到人类行为对地球的不可逆转的影响,成为可持续发展概念的先驱。

的空气将成为一种工业制品。到时，人们会在头上戴着潜水钟[1]，然后购买他们所需的空气量。小说家们很快就抓住了测量空气量的主题，但是更重要的一点并没有逃过读者的眼睛——人类活动很有可能造成整个地球的环境破坏。

19 世纪末，随着人们对环境危机的焦虑不断增加，描述环境浩劫的故事也开始出版。大多数故事都借鉴了天文学和地理学的最新发展，然后设想引发灾难的根源是自然界的一个突发变化而非人类行为。在小说家的笔下，明日世界一而再再而三地被偏航的小行星、彗星、行星和星云所骚扰，又被衰退的太阳或冷却的地球所冻结，还会被上升的海洋所淹没，更会因海洋面积缩小而干涸，又或者人们因火山气体而窒息死亡。在这些故事中，自然的力量可以是随机的、心存报复的，或者只是简单的因为地球步入老年期而开始衰退。但是，在第一次世界大战前已发表的环境浩劫小说中，约有三分之一是由人类行为造成的。这反映了人们对于自身给地球造成的影响不断扩大，而感到愈加不安。

有一些灾难故事，引发人们开始认真思考增长对环境的深远影响，以及增长可能造成的长期后果。在其中一个故事里，天文学家珀西瓦尔·罗威尔[2]把火星描绘成一个干燥濒死的世界。从此，

1　潜水钟（Diving Bell），是一种用于将潜水员从水面运送到深海，并在开放水域返回的硬舱，通常用于进行水下作业。它可以保持比外部环境更大的内部压力。通常由电缆悬挂，并由绞车从水面支持平台提升和降低，潜水钟不能在舱内乘员的控制下移动，而受发射和回收系统的操作者控制。

2　珀西瓦尔·罗威尔（Percival Lowell, 1855—1916），美国天文学家、商人、作家与数学家。罗威尔曾经将火星上的沟槽描述成运河，并且在美国亚利桑那州的弗拉格斯塔夫建立了罗威尔天文台。

这个红色星球就成了最受人们关注的能取代地球的新世界。罗威尔声称，他用望远镜发现，从火星冰冻的两极延伸出一个分布极广的运河网络。这些运河一定是由期望找到水源的高智慧居民所创。亚历山大·波格丹诺夫[1]的古典社会主义乌托邦作品《红星》（*Red Star*）出版于 1908 年，是阐述上述想法的几本书之一。波格丹诺夫笔下的火星人对他们星球的环境发动了一场无情的征服之战。他们认为"与自然元素之间不可能存在和平"。这种行为导致人口激增，并耗尽了火星上的煤、木材和铁。在故事的开端，火星人预计未来 30 年内将出现粮食短缺。但是他们仍然不愿意控制出生率，因为这样做"将意味着否认生命是可以无限增长的"。因此，他们反而开始争论，究竟是去金星，还是去更舒适宜人的地球寻找更多资源。当然，他们选择了第二个方案，但是首先需要灭绝地球上的居民。

法国作家欧仁·穆顿[2]也采纳了从长期、大规模的角度考量人类活动对环境的影响。他试图想象如果地球变暖的过程走得太远会发生什么。在穆顿 1872 年的作品中，他设想了一个未来世界，其中包含了很多当时为人所熟知的环境影响，包括不断增长的人口、一直延伸的郊区、持续扩大的工业和越来越密集的农业。但是，伴随着这些过程的发展，穆顿一直关注着环境以不可阻挡的趋势释放着储存的太阳能。为了养活人口和满足工业需求，人类烧光

1　亚历山大·波格丹诺夫（Alexander Bogdanov, 1873—1928），俄罗斯内科医生、哲学家、科幻小说作家，白俄罗斯族革命家。

2　欧仁·穆顿（Eugène Mouton, 1823—1902），法国漫画、冒险和幻想文学作家，被认为是早期科幻小说作家。

了世界上所有的森林和化石燃料，然后开始用大气中的氢气做燃
料。人口数量的惊人增长，也促使地球能量不断释放。随着时间
的推移，不断增加的热量越过了临界点，开始蒸干水井，煮沸海洋，
又杀死了地球上的所有生命，当然也包括人类。穆顿的论述毫无
科学道理，也许是因为他想让故事的某些地方看起来比较有幽默
感而故意为之。但是，这可能是有史以来，第一个关于人类引起
的灾难性气候变化的寓言故事。

　　与大部分人对增长的思考相反，这一时期产生的许多灾难故
事，都集中在人类特定的某种扩张行为带来的令人惋惜的环境恶
果上。例如，人们长期梦想着建造一条穿过中美洲地峡的运河，
这令一些作者想起了亚历山大·冯·洪堡的警告，即这种工程可
能会无意中把温暖的墨西哥湾流[1]从欧洲引开。有一本书就跟踪了
运河建成后的直接后果。书中描述运河导致中美洲部分地峡开始
下沉，墨西哥湾流开始从大西洋流向太平洋。英国和北欧因此陷
入了无尽的冰封中，而爱德华国王[2]则逃到了澳大利亚。另一本书
讲述的是运河建成一千年后发生的事。随着人口长期流向加拿大、
非洲和澳大利亚的新殖民地，英国退回到半原始状态。英国文化
虽得以幸存，但民众迁出使得大都市伦敦的居民减少到只有一万

1　墨西哥湾流（Gulf Stream），是大西洋上重要的洋流，以及全球最快的洋流。起源于
　　墨西哥湾，经过佛罗里达海峡沿着美国的东部海域与加拿大纽芬兰省向北，最后跨越
　　北大西洋通往北极海。它令北美洲以及西欧等原本高纬度冰冷的地区变成温暖和宜居
　　的地区，比起相同纬度的其他地区温度更高，对北美洲东岸和西欧气候产生重大影响。
2　爱德华国王（King Edward, 1894—1972），又称爱德华八世，大英帝国及其殖民地国
　　王，1936 年 1 月 20 日即位，到同年 12 月，为了与美籍名流沃利斯·辛普森（Wallis
　　Simpson）结婚而选择退位。

多人。

其他警戒性的寓言故事探讨的是在工业规模上开采大气资源的风险。这个想法一部分受到尼古拉·特斯拉[1]的启发，他建议科学家直接用空气中的氮气制造肥料。一个故事中的发明家发现了一种硬化空气的方法，可以将大量的空气冷冻成砖块，再应用于建筑。由于抽取了过多的空气，最终导致大气压下降，然后引发世界各地极端降雨以及农作物歉收。在另一个故事里，一家公司开始从大气中提取大量氮气，为不断增长的人口制造人工合成食物。最终，氮气和氧气的比例开始失衡，导致人们开始产生怪异的行为，而后点燃了大气中过量的氧气，文明从此化为灰烬。

发表于 1909 年的一篇短篇小说讲述道：城市已经变得极度庞大和沉重，地表已难以继续支撑城市的重量，灾难或许就会在不久之后发生。故事以纽约第 125 街[2]地下发现的一条真实的地质断层线为线索，讲述了曼哈顿区过度开发的一片地区建筑物的惊人重量，是如何导致断层断裂的。这使得断层以南的整个岛屿，就好像大陆板块一样倾斜下去。此时，水管破损，煤气管道断裂，高架铁路线坍塌，建筑物倒塌，成千上万的人死在街上。一位负

1　尼古拉·特斯拉（Nikola Tesla, 1856—1943），美籍塞尔维亚裔发明家、机械工程师、电机工程师、未来主义者、实验物理学家，被认为是电力商业化的重要推动者，并因主要设计现代交流电供电系统而最为人知。特斯拉在电磁场领域有着多项革命性的发明。他的多项相关专利以及电磁学的理论研究工作，是现代无线通信和无线电的基石。

2　第 125 街（125th Street），又称马丁·路德·金（Martin Luther King Jr. Boulevard）联名大道，是纽约市曼哈顿区东西走向的双向街道，东起第一大道（First Avenue），西至哈德逊河（Hudson River）沿岸亨利·哈德逊公园路（Henry Hudson Parkway）的辅路边际街（Marginal Street）。通常被认为是哈林区（Harlem）的"主街"。

在罗伯特·巴尔[1]发表于《麦克卢尔杂志》[2]（1900年4月）的一个故事中，企业从地球的大气层中抽取了过量的氮气，以致剩余的氧气被点燃，引发了一场世界性的大火，烧焦了地球表面。巴尔故事中的这幅插图，展示了布鲁克林大桥[3]烧成了一堆熔化的石头

1　罗伯特·巴尔（Robert Barr, 1849—1912），加拿大苏格兰裔小说家，善写短篇小说。

2　《麦克卢尔杂志》（McClure's Magazine），20世纪初流行的美国插图月刊。该杂志被认为开创了揭露黑幕新闻（调查性、监督性或改革性新闻）的传统，并改变了当时的道德指向。

3　布鲁克林大桥（Brooklyn Bridge），美国最古老的悬索桥之一，建于1883年，其1 825米长的桥面横跨纽约东河，连接美国纽约市的曼哈顿与布鲁克林。完工时是当时世界上主跨最长的悬索桥，以及美国第一座使用钢丝索的悬索桥。美国国家历史地标，国际土木工程历史古迹。

责查看岛屿列表[1]的地质学教授解释道："就像上帝无法想象我们能建造巴别塔一样，谁能想到我们这些小东西建造的巨大城市能使整个岛倾斜？"另一条断层线在更南的地方，横贯了整个岛屿，也因此拯救了我们。当这条断层断裂时，断层以北的地区就会向后倾斜，而南边的过度开发区域，就会连同区域内"巨大的摩天大楼，及其庞大的墙壁、闪亮的房顶和深如峡谷的阴影"，一同滑入港口里。

许多其他因人引起的环境浩劫也出现了，从疯狂的科学家释放人工设计的瘟疫，到摧毁整个城市的工业浓雾，数之不尽。但是，这些故事并没有凝聚成统一连贯又令人回味无穷的未来愿景，因此也无法挑战关于人类扩张的故事，而人类扩张依然是主流思想。这些灾难故事仍然只是对增长极限所做的一些零星猜测，其中很多故事可能更多是为了娱乐消遣，而不是对环境未来发展的严重警告。小说家这个群体并不太担心环境极限所产生的恐惧，主要也是因为科学家们不太担心这个问题。或者说，至少当时他们还不担心。

然而，承认环境极限，起源于意想不到的地方，比如技术必胜主义者儒勒·凡尔纳。他写过一本鲜为人知的书，里面有两个人在参观一个枯竭煤矿时的对话，就很有启发性。一个人叹道："遗憾的是，整个地球不全是由煤构成的。那样的话，就有足够维持数百万年的煤了！"然而，他年长睿智的同伴，却对世界上大多

1　岛屿列表（Island List），这份按面积划分的岛屿列表，包括世界上所有大于 2 500 平方公里的岛屿和大多数超过 1 000 平方公里的岛屿，并按面积降序排列。为便于比较，还显示了四个巨大的大陆型陆地。

数材料都不易燃表示欣慰。他解释说："地球把最后一点东西都送到发动机、机器、蒸汽机、煤气厂的炉子里。毋庸置疑，那样的话，某一天就将是我们的世界末日！"他们的对话很快就转到了其他话题上。这让读者很容易忽视凡尔纳的建议，即西方的长期愿景可能与环境的现实不相容。

以田园生活替代

到了 19 世纪末，出现了一个新的未来环境愿景，它放弃追求不断增长的想法。取而代之的，是新愿景设想着简化人类需求，同时探索人类能与自然界合作而非对抗的途径。小说家阐述这个愿景的方式，在学术圈里有时称之为田园乌托邦。他们的故事描绘了一个人口与生产水平相对稳定的世界，而且消费率低。这个未来世界有很多覆盖大量植被的迷你社区，技术也更简单，技术使用也更少，同时对自然环境的侵略性更少，但相互关系更紧密。虽然这些小说家构想的未来大多都拒绝增长，但是其动机并不是源于对极限的恐惧。这些构想也不是幼稚地模仿乡村怀旧风，或者因为带着反资本主义情绪而萌生的简单构思，即使有时可能也会包含这两种因素。相反，这些构想是为了回应一个现象，即人类生活在一个竞争的、物质的、高度技术化的和不断扩张的社会中，而代价就是造成了环境破坏。这种构想的结果，是一系列创新的诞生，让人类重新定义进步，也让人类重新规划人与自然的关系。

这些田园乌托邦作品中，最早也最激进的一部是《水晶时代》，由自然学家威廉·亨利·哈德森[1]所著并于 1887 年出版。故事发生在几千年以后,此时因人类之前一味追求控制自然,导致工业社会的城镇已被摧毁许久。在人口稀少的英国,人们的生活都集中在几栋独立的房屋里,由具有无上权力的父母官统治,也只有他们有权利生育。另一方面,这些房屋里的居民平等地生活在一起。他们可以从本地环境中生产所需的任何东西,通过房屋外的艺术装潢,以及屋内所有书籍、家具和装饰品来歌颂自然。这里没有机器,没有金钱,也没有经济可言。虽然这里美丽又简朴,但是这个社会的严酷性和随意惩处的方式,以及对性的禁忌使其具有严厉的专制性。主人公来自 19 世纪,他无意中来到这里但从未完全适应新环境。

虽然同样绿意盎然,但威廉·狄恩·豪威尔斯[2]笔下的阿尔特鲁里亚(Altruria)却更吸引人。阿尔特鲁里亚是位于太平洋一块鲜为人知的大陆上的田园乌托邦。豪威尔斯是美国杰出的作家和编辑。他在很大程度上借鉴了莫尔和坎帕内拉的早期乌托邦模式,创造了一个新版的自给自足式乌托邦。阿尔特鲁里亚曾经和西方一样具有竞争性、城市化和追求技术的特点,但后来变成一个强调农业生活且人人平等的社会。居民们在早上要进行三个小时的义务劳动,但是下午的时间可以自行安排。阿尔特鲁里亚的消费

1　威廉·亨利·哈德森(William Henry Hudson, 1841—1922),英裔阿根廷作家、自然学家和鸟类学家。著有《水晶时代》(*A Crystal Age*)。

2　威廉·狄恩·豪威尔斯(William Dean Howells, 1837—1920),美国现实主义小说家、文学评论家和剧作家,绰号"美国文学院长"。他因担任《大西洋月刊》(*The Atlantic Monthly*)的编辑而闻名,著有圣诞故事《每天的圣诞节》(*Christmas Every Day*)和《来自阿尔特鲁里亚的旅行者》(*A Traveler from Altruria*)。

率很低，一部分原因是流行款式很少改变；所有东西都非常重视其审美性和艺术性；人口则以一种不甚明确的方式保持着稳定。阿尔特鲁里亚人以村庄环绕小型地区首府的形式，取代了过去污秽不堪的工业城市，那里也是曾经大多数人生活和工作的地方。他们也重新规划了人与工业技术的关系。阿尔特鲁里亚人用水力发电取代煤炭蒸汽发电，从而更新了工业技术应用。而且，他们很少使用机械化的交通运输，因为他们非常享受村庄生活，这导致人们发现没有什么理由需要乘坐高速电力运输工具去首都。总的来说，阿尔特鲁里亚人的生活很简单，而且需求很少，他们乐于把自己沉浸在大自然中。

最著名也最有影响力的田园乌托邦作品，是威廉·莫里斯[1]出版于 1890 年的《乌有乡信息；或休养生息的时代》（*News from Nowhere; or, an Epoch of Rest*）。莫里斯形容自己是一个"对地球和地球上的生命有着深沉的爱，对人类过往的历史充满热情"的人。他是艺术家、诗人、环保主义者，也是国际工艺美术运动[2]（该运动关注传统手工艺而非工业生产品）的领军人物，而上述的两个自我评价在他的生活中都有所体现。莫里斯对西方社会使用先进技术的方式嗤之以鼻。他坚信这些知识如果用于防止污染，以及把工作变得更称心如意，才会对人类更有益，而不是把这些知

1　威廉·莫里斯（William Morris, 1834—1896），英国纺织设计师、诗人、艺术家、小说家、建筑保护主义者、印刷商、翻译家和与英国工艺美术运动相关的社会主义活动家，是英国传统纺织艺术和生产方法复兴的主要贡献者。

2　工艺美术运动（Arts and Crafts Movement），是装饰艺术和美术审美改变的国际趋势，在英伦三岛发展得最早和最充分，随后传播到整个英国和欧洲其他地区及美国。

识用于设计更具破坏性的武器，以及增加没有人要的商品产量。莫里斯不断回顾历史，想找到不一样的时期作为小说的故事背景，因为当时的社会太过强调自我利益。然后，他选择把中世纪作为他笔下未来社会的模式。虽然他无疑是把中世纪的生活浪漫化了，但是莫里斯其实认识到了其中的局限性。莫里斯想要的，只是在书中借用一下他认为中世纪比当下做得更好的事：比如重视手工制作品和漂亮的物件，接受较小规模生产和较慢的生活节奏，而且愿意欣赏自然之美。在某种程度上，他的田园乌托邦是对爱德华·贝拉米的城市与工业乌托邦的反馈。

　　莫里斯笔下 22 世纪的英国是一个富有创造力，又满足于在新农村社会居住的乌托邦。阶级战争推翻了资本主义，并如马克思所预言的那样，人们消灭了所有形式的政府，但是阶级战争也导致人们放弃了工业化。自 19 世纪以来，英国的人口一直保持稳定，大多数城市人都迁移到了农村居住。因为人们放弃了城市，所以城市规模也从此变得越来越小。房地产开发项目已经回到了草原上，伦敦的居民把以前的伦敦议会大厦[1]用来储存粪肥。大型工厂已是过去时，因为人们可以手工生产任何需要的东西。社会中没有钱，也没有供应市场所需的大规模生产。一位居民解释道：英国"现在是个花园，没有东西被浪费，也没有东西被糟蹋"。居民们更喜欢简单易于维修的技术，这样可以给景观增添美感，但是他们也保留了

1　伦敦议会大厦（Houses of Parliament），又称威斯敏斯特宫（Palace of Westminster），是英国议会（包括上议院和下议院）的所在地，位于英国伦敦的中心威斯敏斯特市，坐落于泰晤士河河畔。威斯敏斯特宫是哥特复兴式建筑的代表作之一，1987 年被列为世界文化遗产。

一些自认为实用且比较复杂的技术。他们没有致力于发明新机器，没有组织科学研究项目，也没有希望经济增长的动力。

莫里斯社会的深层逻辑是一种新的人与自然相处的关系。居民"对人类居住的地球表面，爱得无比强烈且夸张"。这种对自然的爱取代了 19 世纪对控制并利用自然界的渴望。虽然居民仍然依赖自然环境来满足所有的基本需求，但是他们对于人与自然的关系，已经发展出一种更深远的理解方式。事实上，他们甚至不再使用"自然"一词，因为这个词无法体现人和非人类世界之间的联系。莫里斯笔下的一个人物解释说：19 世纪的居民试图让自然成为他们的奴隶，因为"他们认为'自然'是身外之物"，但是在现在这个全新的社会里，人们已经学会另一种更和谐的与自然相处的方式。

阿尔杰农·佩特沃斯[1] 出版于 1913 年的《小栅栏门》(*The Little Wicket Gate*) 一书，并不太为人所知，但其视角很独特。作者笔下没有降低技术水平，也没有强调农业的作用，而是想象了一个技术先进的社会，同时能与荒野环境保持一种亲密关系。故事中的未来英国居民，都住在花园围绕的漂亮房子里，这些房子有序地组成城镇。他们的先进技术包括太阳能照明和反重力车辆，他们的机械是为人类服务的而不是人服务于机器。但是，作者没有把花园城镇纳入农业景观中，而是用一个巨大的纯野生且面积广袤的区域围绕着城镇。一位居民解释说："这里有巨大的森林和河流，还有咸水湖和淡水湖；有深谷、宽阔的平原，以及高山，

---

1 阿尔杰农·佩特沃斯（Algernon Petworth，?—?），英国作家。

有些山峰高高的山顶上有白雪覆盖。这些地区绵延数百英里，我不知道有多远。"

一个以增长和进步为基础的社会，会在未开发资源的土地上大做文章，书中的城镇居民们拒绝为这些土地资源绘制地图。因为这些居民的社会是建立在为他人服务的基础上，而不是建立在自私自利上。所以，他们发现给自己预留一些空间是有好处的，但是这种想法不符合人类与生俱来的竞争意识。荒野地区也满足了人们偶尔离开文明社会的需求，以及潜意识里回归自然的需要。他们认为满足这种需求是继食物、衣服和住所之后的"第四种必需品"。每当心情低落时，人们就溜出去，在野外独自生活一段时间，也许是为了寻找灵感，然后再回来。因此，让这些地区处于野生状态的原因是带有纯粹功利性的：人们关注的并不是该地区动植物的福祉。这种社会模式，其实是试图满足另一种人类需求，一种心理或精神上的需求，反正不是物质上的需求。通过不干扰野生环境，以及为保持神秘性不做绘图标注，他们保存了一个"大自然似乎在拥抱你灵魂"的空间。

在英格兰湖区[1]，约翰·罗斯金[2]和他的追随者，试图把田园式

1　英格兰湖区（English Lake District），英国西北英格兰坎布里亚郡的一片乡村地区的度假胜地。此地因19世纪初诗人华兹华斯（William Wordsworth）的作品以及湖畔派诗人（Lake Poets）而著称。中心地带被辟为湖区国家公园，也是英国不多的山区之一。英格兰所有海拔高于3000英尺（约914米）的地方都位于这个国家公园内。2017年被列入世界自然遗产。

2　约翰·罗斯金（John Ruskin, 1819—1900），英国维多利亚时代主要的艺术评论家之一，英国工艺美术运动的发起人之一，也是一名艺术赞助家、制图师、水彩画家和杰出的社会思想家及慈善家。他写作的题材涵盖从地质到建筑、从神话到鸟类学、从文学到教育、从园艺学到政治经济学，包罗万象。

乌托邦的一些政策落实到现实世界中。作为 19 世纪英国最杰出的
思想家之一，罗斯金深信煤炭助燃的工业社会，正在耗尽有限的
资源并破坏全球气候。他认为从长远来看这种方式是不可持续的，
而且期望人们有一天会回到手工制造和低消费的生活中去。即使
这不是出于人们的自主选择，但是这样做很有必要。在罗斯金著
作的激励下，一群志同道合的朋友和邻居一起创建了一片花园。
花园体现出他们对本地植物的特殊敬意。他们还利用当地材料复
兴了传统手工艺和传统工业。罗斯金本人成立了圣乔治公会[1]，以
便购买土地并鼓励使用传统方法耕种。在罗斯金的心目中一直有
一个期待：英国人会把铁路路基撬掉重新变回耕种地。如果得以
实现的话，他的这些努力就是为此所做的准备。但是这些都是小
规模的试验，而且大多都很快被人遗忘了。

　　伟大的法国插画家阿尔伯特·罗比达意识到，对社会和环境
关系进行如此彻底的改变，或许是不可取的，甚至是不可能的。
所以他设想在未来工业社会中创建一个田园空间。他在 1892 年出
版的《电气生活》（*The Electric Life*）一书中，描绘了 20 世纪 50
年代的先进技术。那时的法国人民欣喜于科技给人类带来的许多
好处，但是也认识到了人类要付出的代价。快速的生活节奏使人
民疲惫不堪；缺乏体育锻炼，加之食用人工合成食品损害了公众
健康；人口过剩使资源紧张；工业生产污染了土壤、空气和水。
罗比达描绘未来的法国人正在努力解决因他们自己的创造而产生

1　圣乔治公会（Guild of St. George），一个慈善教育信托机构，总部设在英国，成员遍布
　　世界各地。公会致力维护其创始人约翰·罗斯金的价值观并将其思想付诸实践。

的问题。但是，也因为他们固执地相信所有的科技变革都是为了最美好的生活，事情变得越来越糟。一边是不停增长变化的城市与技术的世界；另一边是追求慢节奏、简单生活和绿色环境的生活方式，而这种生活方式看似是人类生物性的需求。这些法国人所面临的挑战是，如何在二者之间取得平衡。

罗比达笔下的未来社会找到了一部分解决方法。人们沿法国布列塔尼[1]海岸规划出一个巨大的国家公园，不仅用来保护农村景观，还保护当地传统文化。这是一个"禁止所有科学创新的地区，也禁止工业发展。在标记了边界的栅栏上，还写了：进步止于此，请勿穿越"。常住民住在茅草屋顶下，用轮子纺线，还要放牧。游客可以乘坐穿梭马车进入该地区，因为没有通电，人们必须通过邮寄信件与外界联系。故事里的人物指出，这里离"在科学文明统治下，大放光彩紧张刺激"的城市只有很短的距离，但是这里的生活就好像"时光的钟表已分崩离析"。

毫无疑问，罗比达的方法比其他人更怀旧，而且很容易把故事推向一种极致幽默。就在该书出版的前一年，苏格兰诗人和小说家约翰·戴维森[2]构想了这样的未来：英国政府授权一家公司购买了整个苏格兰，公司清除了1700年后建造的所有建筑，然后把苏格兰变成一个历史主题的度假村，供富人使用。蒸汽、电力和水力被禁止使用，本地植物再度恢复生机，游客要按月缴费，还

1　布列塔尼（Brittany），法国西北部的一个半岛，历史上文化及行政的一个地区名称。布列塔尼半岛的北部面向英吉利海峡，南部对着比斯开湾。

2　约翰·戴维森（John Davidson, 1857—1909），英国诗人、剧作家、法语和德语翻译、小说家。

要穿戴整齐，以表现得好像生活在过去一样。这个高利润的投资项目被称为"从文明的钳制中拯救了旧世界的碎片"，后来世界各地都有类似的项目出现。在罗比达较早的作品中，就有一个他自己开玩笑说的小情节：一家公司购买了整个意大利，然后把75%的人口重新安顿在乌拉圭。剩下的居民则留在意大利，但是要穿上传统服装，在精心维护的城市、废墟和其他旅游景点中，担任旅馆老板、厨师和贡多拉[1]船夫的工作。

然而，当罗比达十年后出版《电气生活》时，他已经准备好以更严谨的态度来对待这个想法。他把国家公园当成一种人类逃避工业的必需品。"当时伟大的科学和工业运动，把一切都颠覆了，如此迅速地彻底改变了地球的表面"，所以人们必须逃出来。人们沉浸在过去的乡村风景和乡下生活中，然后让自己回归城市和现代人身份时，能够重新获得力量。因此，这种公园不是一个随随便便的游乐场，而是一种心理上的需求。公园为"所有被电气生活搞得疲惫不堪的人"提供自然环境，"远离任何控制人又使人疲惫的机器或装置。这里没有电视，没有留声机，也没有伦敦地铁[2]。天空下没有任何交通"。为了在不断创新和增长的未来工业城市中生存，人们必须花些时间待在过去简单不变的农村环境中。

虽然田园风光在一些为人熟知的作品中出现过，也在城市和国家公园运动中有了现实的体现，但在20世纪之交，田园风光依

---

1 贡多拉（Gondola），意大利水城威尼斯独具特色的一种尖头小船。

2 伦敦地铁（Tubes），英国伦敦的城市轨道交通系统，于1863年通车。地铁车辆在伦敦城中心地下运行，至郊区在地面运行，其中地面运行线路占55%。伦敦地铁在英文中别称The Tube（管子），名称来源于车辆在像管道一样的圆形隧道里行驶。

在阿尔伯特·罗比达《电气生活》（1892）中虚构的国家公园里，穿着传统服装的工人，正在检查公园的其中一个入口。通过把文化、技术和环境的时钟拨回到早期的社会时代，公园给人们提供了一个期待已久的避风港，使人们远离持续不断的进步与增长

资料来源：美国盖蒂研究所

然只引起了少数人的注意。大多数凝视未来的人，还是在观望进
化论支持的无止境的发展。然后，他们这种追求无尽增长的乐观
主义开始迅速传遍世界，因为他们把这种未来主义作品，翻译成
了阿拉伯文、中文、日文和土耳其文。自 19 世纪 70 年代以来，
即使人们大量预测了欧洲战争的可能性，也没有让这些支持进步
与发展的预言家停下来。他们认为，如果战争来临，一个统一的
世界以及一个和平的时代将从毁灭中诞生。如果战争没有发生，
通信和运输技术将成为人类联合成一体的力量，并带来同样有益
的结果。威尔斯在 1902 年写道："一切似乎都指向这样一个信念，
即我们正在进入一种进步阶段，这种进步将以愈加宽广和自信的
步伐，永远继续下去。"西方人对科学、技术、增长和进步的信心，
达到了前所未有的高度。但是，物极必反。

· 第四章 ·

细绘世界末日[1]

---

1 世界末日（Apocalypse），源于拉丁语版本圣经《新约》（*New Testament*）的《启
示录》（*Revelation*）。本义是一种文学体裁，通常描述一种超自然力量，以不
同方式为人类揭示宇宙的奥秘和未来。同时，该词也可用于表达在世界末日时，
上帝将惩罚恶人，并赏赐虔诚忠心的信徒。现多用于表达善良战胜邪恶的大灾
变，或者预言性的世界末日，以及先知带给人类的启示。

在第一次世界大战的战场上，西方对进步的信念受到了严重打击。一位英国未来主义者在20多年后解释说："没有人能预料到，古老的战争在1914年融入了现代科学，会产生怎样的后果。这种后果让人产生了无尽的恐惧感，以致我们至今都未能恢复过来。"人们以前认为科技发展会自然而然地让人类道德感也一起获得进步。但是，因为在战争中使用毒气和各种先进武器造成了数百万人死伤，人们的这种想法也至此永远消失。相反，科学这种能超越自然的新力量，似乎将成为人类统治与破坏环境的工具。哲学家、数学家伯特兰·罗素[1]在战争结束7年后写道："虽然人们有时会说，科学的进步必定是人类的福音。但是，我认为这恐怕只是19世纪的美丽妄想之一，可是现在，我们的妄想症比以前越发严重了，所以人类必须设法彻底摒弃这种想法。"人类的能力足以更理性地运用已掌握的科学技术，但人们还是对此产生了一丝担忧。20多年后，这种担忧在原子弹投放[2]之后变得更加刻骨铭心。

1　伯特兰·罗素（Bertrand Russell, 1872—1970），英国哲学家、数学家和逻辑学家，致力于哲学的大众化、普及化。1950年获诺贝尔文学奖。其《西方哲学史》（*A History of Western Philosophy*）被视为经典著作。

2　原子弹投放，指第二次世界大战末期，美军在1945年8月6日及9日，分别在日本的广岛市和长崎市各投下一枚原子弹，造成数十万日本平民死亡。这是人类历史上第一次也是唯一一次在战争中使用核武器。该事件也促使日本投降及第二次世界大战结束。

然而，进步的理念以及人们对持续增长的期待，在 20 世纪 60 年代依然坚如磐石。两次世界大战之后，涌现出大批令人难以置信的科技创新，人类也开始了史无前例的经济扩张时期。这表明进一步控制自然界依然可以给人类带来巨大的富足。美国知名的科学作家维克多·科恩[1]在 1956 年写道："看看我们周围吧！青霉素、喷气式飞机、尼龙袜、涤纶西装、自动洗衣机……这些物品在 15 年前闻所未闻，或者只是实验室的梦想罢了。然而再过 25 年或 30 年，或者再过 10 年或 5 年，这些物品统统都会过时。"在商业的营销手段中，开始出现流线型技术的未来形象，而且营销成功率很高。一些公司有时为了出售具有未来感的东西，甚至做铝制圣诞树，或者用人工色素和明胶做食品，都是为了打造出超自然的色调和纹理。"二战"后，发展型叙事故事随即步入顶峰时期，也就是现在人们所熟知的未来主义[2]流派的黄金时代。

但正是在这几十年的发展中，科学家们开始更直接地质疑增长对环境的影响。他们反思了在世界大战爆发时，人类对稀缺资源的争夺所起的作用。他们也想知道人口的激增和经济体量的不断扩大，是否会耗尽重要的能源资源。这些担忧最终凝结成了一

---

1 维克多·科恩（Victor Cohn, 1920—2000），美国科学作家，作品内容包括太空探索、脊髓灰质炎的治疗，以及统计学在医学和相关领域的应用。曾任美国科学作家协会主席。

2 未来主义（Futurism），源于 20 世纪的艺术流派，艺术样式包括音乐、文学、绘画、雕塑、戏剧等。意大利诗人菲利波·托马索·马里内蒂（Filippo Tommaso Marinetti）最早于 1909 年发表《未来主义宣言》（*Manifesto of Futurism*），总结了未来主义的一些基本原则，包括对陈旧的政治与艺术传统的厌恶。马里内蒂和他的支持者们表现出对速度、科技和暴力等元素的狂热喜爱。汽车、飞机、工业化城镇等，在未来主义者的眼中都充满魅力，因为这些象征着人类依靠技术的进步征服了自然。

种未来环境故事的新题材。这种新题材正好与丰饶主义者的增长观点相反，新题材的观点接受了环境极限的理念。人们把环境因素而非人类进步作为历史发展的主要驱动力，同时质疑科学进步带来的价值，并声称环境末日正步步逼近。到 20 世纪 60 年代末，在大众对未来的设想中，发展型与灾难型叙事故事同时存在。发展型与灾难型叙事故事是从不同的角度看待自然与历史的发展，所以他们所讲述的历史与未来的故事也各不相同。

进步即反乌托邦

发展型叙事故事在第一次世界大战后得以幸存，但还是产生了一些变化：故事的氛围充满了质疑，导致发展型叙事故事开始分解为乌托邦和反乌托邦两种类型。发展型乌托邦故事中也有追求增长与掌控自然的主题。这两个主题也常见于早期技术型乌托邦中，也早已为人所熟知。但是，此时的发展型乌托邦也反映出，人们对机器的迷恋愈加强烈了。所以，科幻小说在这段时期比以往都更加受民众欢迎，因为作家发现通过新媒体渠道，向社会传递未来愿景的效果特别好。这些新媒体包括通俗杂志、广播节目、漫画和电影等。现代主义建筑也深化了人们对机器的迷恋，因为设计师在设计现代建筑时就采用了很多机械美学的元素，并强调人类可以对自然界实现技术控制，比如现代化大坝控制的湖泊，横跨河流的吊桥，或者改造牧场时重新铺设一条公园林荫大道。而在战时所开的两次举世瞩目的美国世界博览会，也将庆贺西方科技进步作为展会的主题。展会官方指南中的一句附言最能表达现代博览会的理念："科学发现，工业应用，人类遵从。"

可是，这种乌托邦故事依然没有为那些没有实用价值的动物留出多少生存空间。意大利文学和艺术"未来主义"运动的领导人之一，福图纳托·德佩罗[1]期待着有一天，"文明能把所有形式的低等动物，统统从地球上扫除"。当时民众主流思想中的大部分都认为应该让无价值的动物彻底灭绝。1926 年，一些美国报纸上甚至出现了整版的文章声称：每一种野生动物都要证明它们对人类是有用的，否则就应该离开这个世界。文章解释道，任何一个动物如果它没有经济产出，以支付自己生存所需的消耗，都将被"丢弃"。因为它们对人类没有实用价值，就不能与人类生活在同一个地球上。这也是赫伯特·乔治·威尔斯在 1923 年创作的《如神者》（*Men Like Gods*）中所设想的未来。该书以 3000 年以后的世界为背景，并设想人类检验确定每一个物种的实用价值，然后决定其最终命运。

在未来，人类的新栖息地会彻底取代动物的生存领地，这种情况对上一代人来说早已屡见不鲜。但是，对发展低密度社区的梦想开始被越来越多的人所接受，比如弗兰克·劳埃德·赖特[2]的

1　福图纳托·德佩罗（Fortunato Depero, 1892—1960），意大利未来主义画家，作家，雕塑家，平面设计师。

2　弗兰克·劳埃德·赖特（Frank Lloyd Wright, 1867—1959），美国建筑师、室内设计师、作家、教育家。赖特认为建筑结构需要符合人性需求，也要和周边环境相协调，这种建筑哲学称为"有机建筑"。有机建筑最佳的实例是赖特设计的落水山庄（Fallingwater）（1935），曾被誉为"美国史上最伟大的建筑物"。他开创了田园派建筑运动，并被美国建筑师学会称为"最伟大的美国建筑师"。

广亩城市[1]设计就体现了这一梦想。与此同时，城市无序扩张到郊区的情况，也加速了人们对低密度社区的渴望。然而，商业艺术家们所构想的不朽之城的中心城区，在建筑师的精雕细琢下依然得以延续。倘若这种精雕细琢的建筑还是以巨型建筑为主，那肯定是像休·费里斯[2]这样的专业建筑师所做。而罗伯特·欧文和夏尔·傅立叶所写的小而独立的城市，在伊比尼泽·霍华德[3]的田园城市中再次出现。在第一次世界大战之前，霍华德提出将农业绿化带围绕在小规模的城市周边：当人口达到一定水平时，人们就会在新的处女地建立新的城市。他的想法最终促成了田园城市运动[4]，也使得英国和美国在 20 世纪中期，建造了许多田园样式的城镇。以上三种未来城市的规划模式都在不断调整改变，以适应增长需求。也许是将现有城市向外扩张，也许是把楼宇建造得高耸入云，又或者是根据需求建造一个全新的城市。

发展型叙事故事的乌托邦作品，在 20 世纪 60 年代依然享有巨大的吸引力。事实上，因为受该类乌托邦影响，在 60 年代的 10

---

1 广亩城市（Broadacre City），指建筑师弗兰克·劳埃德·赖特在其1932年出版的著作《正在消灭中的城市》（*The Disappearing City*）中提出的一个城市规划构想。他认为现代城市无法满足现代人的生活需求，他主张不再发展大城市，而采用一种分散型城市布局，以农业为基础，汽车是往来城乡之间的主要交通工具。
2 休·费里斯（Hugh Ferriss, 1889—1962），美国建筑师、插图画家和诗人。
3 伊比尼泽·霍华德（Ebenezer Howard, 1850—1928），英国城市学家、社会活动家，"田园城市"运动的创始人、现代城市规划的奠基人之一。最知名的著作是1898年出版的《明日田园城市》（*Garden Cities of Tomorrow*）。他提出的理想主义与现实主义结合的田园城市，开创了现代意义上的城市规划。
4 田园城市运动（Garden City Movement），主要倡导将人类社区置于田地或花园区域之中，以平衡住宅、工业和农业区域比例的一种城市规划。

年里，现实社会产生了两个意义最为深远的代表作品。在 1964—1965 年纽约世界博览会上，通用汽车公司 [1] 的 "未来世界 [2]" 体验展带领参观者穿越微型景观，展示了一系列人类在前沿领域对环境的控制与拓展。比如，人们可以在海底驾驶 "水下直升机" 寻找贵重金属或钻采石油，游客也可以在海底亚特兰蒂斯 [3] 酒店享受优质服务。在亚马孙雨林 [4] 中，两台机器释放出激光束砍伐古树，而第三台机器则紧随其后，用其前端装置碾压树干，然后从机器后面挤压塑形，而后铺成一条公路。在沙漠中，人们用改良后的海水滋养着自动化农场的农作物。在月球上，月球车正绕着火山口边缘滑翔，人们正从一个月球基地开往另一个月球基地。通用汽车公司在 "未来世界" 展示了自己研发的技术，也通过 "未来世界" 向游客宣告，人类将用技术的钥匙打开无数个大自然的百宝箱。当游客离开游乐体验区时，他们会收到一个金属胸针，上面写着："我已经看到了未来。"

影响更为持久的作品是动画情景喜剧《杰森一家》。虽然该剧

---

1 通用汽车公司（General Motors），美国跨国汽车公司，成立于 1908 年。现旗下拥有雪佛兰、别克、GMC、凯迪拉克、霍顿及吉优等品牌。2011 年全球销量第一，2016 年销量达到 1 000 万辆，2019 年美国 500 强企业排名第 13。

2 未来世界（Futurama），1964—1965 年纽约世界博览会上通用汽车公司最受欢迎的一个体验式展区。参观者可坐在移动椅上，滑过精心制作的微型三维模型场景，展示 "近未来"（near-future）的生活。在展览会的两年时间里，有近 2 600 万人参加了这个未来之旅。

3 亚特兰蒂斯（Atlantis），传说中拥有高度文明发展的古老大陆、国家或城邦之名，最早的描述出现于古希腊哲学家柏拉图的著作《蒂迈欧篇》（*Timaeus*）和《克里蒂亚斯》（*Critias*），据称在公元前一万年左右被大洪水毁灭，沉入海底。

4 亚马孙雨林（Amazonian Jungle），位于南美洲亚马孙盆地的热带雨林，现占地仅存约 500 万平方公里。雨林横越了 8 个国家，巴西占森林 60% 面积。亚马孙雨林占世界雨林面积的一半，森林面积的 21%，是全球最大及物种最多的热带雨林。

的美国创作者只制作了 1962 年至 1963 年一季节目，但几十年的
国际发行让该剧的技术乌托邦设想传遍了世界。节目里涉及的技
术包括喷气背包、飞行汽车和机器佣人。在 2062 年，杰森一家生
活的方方面面都充斥着未来主义的技术，以及与自然世界渐行渐
远的情况：他们的生活、工作和娱乐都在建筑物中，当开始下雨时，
建筑物就会升到云层之上；他们可以在有机械马的休闲农场[1]上度
假；还可以坐火箭到月球上进行太空探险；机器也可以随时随地
准备人工合成食物以供他们食用。这个卡通家族很少遇到非人工
制造的东西，也很少看到地球表面或者遇到其他种类的动物。然而，
他们大量的休闲时间，以及自动化的生活方式至今仍十分具有吸
引力，而且该节目到今天也依然是流行文化的试金石。

　　但是，因为进步的理念在战争中遭受了巨大的冲击，所以
发展型叙事故事也分化出了一个新的反乌托邦题材。这种反乌托
邦的叙事类型很快就足以与其对手乌托邦叙事类型一较高低。在
反乌托邦的叙事故事中，人类已经完全开发了自然环境，而且达
到了梦幻般的高科技水平。但是，人们却发现自己缺乏足够的能
力——不能合理操控环境的能力。结果，未来的人类发动了几场
极具毁灭性的战争。战争胜利国利用技术手段实现了对他国的统
治，但同时他们也饱受科研意外事故的困扰。此时的未来人类，
必须忍受人类和自然界之间彻底割裂的现实，而且丧失了他们最
基本的人类的道德感。最终，好一点的结果是民众产生愤恨感或

1　休闲农场（Dude ranch），源于 19 世纪美国西部，指一种面向游客提供牧场旅游服务
　的牧场类型，是农业旅游的一种形式。

者社会实施专制统治，最坏的情况则是社会倒退回野蛮状态或者人类彻底灭绝。至此，科技反乌托邦的时代就此展开。

历史永远是周而复始的圆形循环状态，而不是直线型发展状态。此观点的复苏，更助长了反乌托邦主义的氛围。关于此观点最有力的阐释，出现在德国历史学家奥斯瓦尔德·斯宾格勒[1]《西方的没落》一书中。该书出版于第一次世界大战结束前几个月。斯宾格勒根据人类社会的历史经历，否定了历史呈线性发展，以及社会能无限进步的理念。他认为历史是由连续不断的兴衰迭代组成，每一次历史的兴衰都是一个独立的循环事件，而历史就在这种情况下不停地走向下一个循环。他表示西方文明的发展已经超过了最高警戒线，并且正处于不可逆的弧线形下落状态。斯宾格勒关于历史具有循环性，以及西方必然衰落的观点，影响了一大批思想家。他的观念也开始渗透到公众意识中，而后引发了人们的担忧——西方最美好的日子可能已经一去不复返了。

此时大量涌现的反乌托邦小说中，很多都探讨了未来人类是怎样滥用自身的能力操控自然运行的。其中最有影响力的当数阿

---

1 奥斯瓦尔德·斯宾格勒（Oswald Spengler, 1880—1936），德国历史哲学家、文化史学家及反民主政治作家。其历史著作《西方的没落》（*The Decline of the West*）成为当时欧洲和美国的畅销书，也引起了很大争议。他认为不应该以时间为单位划分历史，而应该以一个动态发展的文化体的生命周期为单位。文化体有生命周期，约 1 000 年的繁荣期和 1 000 年的衰退期，每一个文化体的最后阶段就是斯宾格勒所说的"文明"。

道司·赫胥黎[1]在1932年出版的《美丽新世界》。赫胥黎笔下的故事发生在26世纪，他描绘了一个令人恐惧不安的世界之国（World State）。这个国家最大的优点就是社会稳定。为了确保社会稳定，国家使用基因工程培育出五个不同种姓的群体。每个群体都经过生物设计并且做了社会分工，每一个人都要接受其在社会秩序中的地位和等级。这样的安排消除并防止了社会民众对社会分工可能产生的异议。上层种姓的生活以消费和性为中心，而批判思维和个人主义则会受到强烈打压。相比之下，下层种姓的生活无比枯燥乏味，而他们却非常满足，因为他们就是被教育和训练成这样的。读了赫胥黎的书，人们很难不产生一种感觉，就是永远不能相信人类自己指导自己的进化过程。

两次世界大战期间，产生了许多至今仍算经典的反乌托邦作品。作品中充满了对人类狂妄自大、极易犯错和滥用科技的警告。卡雷尔·恰佩克[2]的戏剧《罗梭的万能工人》于1921年在布拉格首演。故事发生在大概25年之后的未来，那时的世界已经开始依

---

1 阿道司·赫胥黎（Aldous Huxley, 1894—1963），英国作家，其祖父是著名生物学家、演化论支持者托马斯·亨利·赫胥黎（Thomas Henry Huxley）。赫胥黎的小说和散文充满了对社会道德、标准和理想的拷问与批判。他的创作反映了科技发展导致人性灭绝，其中最著名的便是《美丽新世界》（*Brave New World*）。书中描绘了一个建立在大规模生产和巴甫洛夫条件反射原则上运行的社会。该作品于2020年被改编成同名电视剧播出。

2 卡雷尔·恰佩克（Karel Čapek, 1890—1938），捷克作家、剧作家、评论家。他的科幻作品极受欢迎，最著名的有《与蝾螈的战争》（*War with the Newts*）和戏剧《罗梭的万能工人》（*R.U.R.*）。《罗梭的万能工人》首次使用了"Robota"（机器人）一词，后改为"Robot"。受美国实用主义和自由主义的影响，恰佩克主张自由表达，并强烈反对法西斯主义和共产主义在欧洲崛起。

赖由化学品制造的人造人，作为社会的劳动力。随着时间的推移，这些"机器人"（恰佩克创造了该词）意识到他们在体力和智力上都比人类更优秀。所以，机器人开始反抗人类，并取代了人类作为优势物种的地位。同年，叶夫根尼·扎米亚京[1]在俄罗斯完成了作品《我们》。故事描述了一个工业化的未来专制社会，整个社会都崇尚绝对控制的理念。人们建造了一堵墙，把民众与自然世界彻底分离。墙外的世界是自然生长且随意无序的环境，墙内民众的生活则像机器一样，日复一日，永远不变。德国的阿尔弗雷德·德布林[2]，出版了一部极其恢宏的小说。故事是关于几个世纪之后的未来，题为《山、海与巨人》（*Mountains, Seas and Giants*）。故事描述了人们通过融化格陵兰岛的冰盖，来创造新的定居地所做的工作。然而，冰层消除以后，却释放出了巨大的怪物。它们在欧洲横冲直撞，最后把人类赶到了地下生活。

社会很多民众都对机器文明产生了担忧，导致知名人士觉得有必要为机器文明做出辩护。刘易斯·芒福德告诫人们：不要"抛弃机器，然后跑到一个乌托邦小岛上，一辈子手工耕种少量农作物和制作几件物品，过着勉强维持生存的生活"。他认为这样的未来不能算是人类未来发展的新冒险，而是人类社会的"一种邂逅

1　叶夫根尼·扎米亚京（Yevgeny Zamyatin, 1884—1937），俄罗斯科幻小说家、哲学家、文学批评家、政治讽刺作家。他的代表作《我们》（*We*）直接影响了赫胥黎创作《美丽新世界》，以及乔治·奥威尔（George Orwell）的小说《一九八四》（*Nineteen Eighty-Four*）。

2　阿尔弗雷德·德布林（Alfred Döblin, 1878—1957），德国小说家、散文家、医生，德国现代主义文学最重要的人物之一。他的代表作为《柏林，亚历山大广场》（*Berlin Alexanderplatz*）。

不堪的后退"和"一种对失败彻底的忏悔"。第一次世界大战后的英国大法官伯肯海德伯爵[1]郑重地说道，让人类社会倒退是不可能的。他表示："不可能有反工业革命这种事。""没有任何理由把英国变成一个由四千万自耕农[2]和地主小农[3]组成的国家；不列颠群岛的土地也养不了这么一大群农业工人。所有大规模'回归土地'的实验，必将以人民的忍饥挨饿，然后疯狂回归工厂结束。"以上二人应该都同意尼古拉·特斯拉的观点。特斯拉坚信，"我们不应该通过破坏自然的方式解决生存问题，而应该设法研发使用更高效的机器来解决问题"。人类要建设一个更好的未来，需要更多技术，而不是放弃使用技术。

马尔萨斯的回归

当发展型叙事故事分化出反乌托邦的子类时，关于增长导致环境浩劫的新叙事故事开始逐步凝聚成形。这些故事的一些内容都围绕着对人口过剩的担忧。第一次世界大战后，生物学家、化学家、人口统计学家和经济学家开始思考，人口过剩在产生社会冲突的过程中所起的作用。他们的工作让大众对几个世纪以来人口数量的骇人增长有了全新的认识。从欧洲人第一次遥望美洲大

1　伯肯海德伯爵（Lord Birkenhead, 1872—1930），原名弗雷德里克·埃德温·史密斯（Frederick Edwin Smith），英国保守党政治家和大律师，在 20 世纪初获得英国高级大法官职位。

2　自耕农（Yeomen），在英国历史中介于贵族和劳工之间的一个阶层。通常指土地所有者，但也可以是家臣、警卫、随从或下属官员。

3　地主小农（Peasant Proprietors），指拥有自己耕地的农民。

陆到工业革命初期，仅 300 年时间世界人口就翻了一番，达到 10
亿人。再经过一个多世纪工业化发展，人口又增加了一倍。即使"一
战"时世界人口大约有三分之二的人营养不良，但增长率仍在不
断增加。如此令人生畏的数字，加之大众对进步的信心产生了动摇，
使得人们更容易猜测，我们可能真的误判了自己控制人口增长的
能力。

马尔萨斯主义者很快就更加担心人口数量会超过食物供应。
1923 年，美国哈佛大学化学家和遗传学家爱德华·伊斯特[1]警告说：
"如果不阻止即将接近饱和的世界人口，随之而来的将是更多的
战争、饥荒与疾病。"英国知名记者菲利普·吉布斯[2]也对该观点
表示认同。他写道：如果世界要避免人类"为争夺地球的肥沃土
地而引发的激烈冲突"，就必须增加粮食生产，做到合理分配，并
彻底改变工业化生活。1928 年，因为人们对未来产生了相同的担忧，
促使各国在巴黎成立了"国际人口问题科学研究联合会[3]"。这几
年社会上也出现了各种不同的人口运动。这些运动也吸引了一批
对优生学、种族净化和计划生育感兴趣的学者。但是，战争的冲
击才是引起公众和科学界关注人口问题的真正原因。

---

1 爱德华·伊斯特（Edward East, 1879—1938），美国植物遗传学家、植物学家、农学家、
优生学家。他因诱发杂交玉米改良实验，以及根据优生学结论支持"强制"淘汰"不
适合品种"而闻名。

2 菲利普·吉布斯（Philip Gibbs, 1877—1962），英国记者、作家，第一次世界大战期间
英国的 5 位官方记者之一。

3 国际人口问题科学研究联合会（The International Union for the Scientific Investigation of
Population Problems），由世界各国人口科学研究组织组成的联合会，后更名为国际人
口科学研究联合会（International Union for the Scientific Study of Population），致力于促
进人口统计学和人口的科学研究。

第二次世界大战又进一步加剧了大众对人口过剩的担忧。1948 年，美国科学家出版了两本畅销书，一本是费尔菲尔德·奥斯本[1]的《我们被掠夺的星球》，另一本是威廉·沃格特[2]的《生存之路》。两部作品都将战争直接归咎于人口过剩和资源匮乏，并预期未来的情况会越来越糟。沃格特总结说："简言之，除非人类从整体上重新调整其生活方式，强迫自己适应环境资源的有限性所带来的负担，否则我们很可能要放弃人类能一如既往地维持文明生活的希望。"他们对日益恶化的环境危机所导致的饥荒与战争的警示宣言，在世界各地的报纸、杂志和广播节目中获得巨大反响。这在原子能时代是出乎大众意料的。

20 世纪 50 年代初，人们设想的世界人口过度拥挤的情景，开始出现在短篇小说、书籍、电视节目和电影中。其中两个最常见的主题是专制政府开始崛起，以及专制政府实施冷酷无情的手段削减人口。当时很多人认为在一个人口拥挤的星球上，肯定会产生专制政府。小说中未来社会控制人口的方法包括：强制民众搬迁到人口稀少的地区；把人民重新安置到捕鱼船队，强迫船队成员永远待在海上，不得上岸；鼓励同性恋；在居民达到指定年龄

1　费尔菲尔德·奥斯本（Fairfield Osborn Jr., 1887—1969），美国保护主义者。他曾长期担任纽约动物学会（今称野生动物保护学会）的主席。其作品《我们被掠夺的星球》(Our Plundered Planet) 以土壤为重点，批评了人类对地球的管理不善。该作品是最早的世界末日环境文学的代表作，书中视人类为自然世界的破坏者。

2　威廉·沃格特（William Vogt, 1902—1968），美国生态学家、鸟类学家，美国计划生育联合会国家主任和环境保护基金会秘书。其畅销作品《生存之路》(Road to Survival) 是现代环境主义的分支，也是战后马尔萨斯主义（新马尔萨斯主义）复兴的主要灵感来源。

时实施强制安乐死；故意引入新型疾病以及发动莫须有的战争，
政府派遣毫无戒备意识的公民参与双方的战斗。第三个主题是人
们通过太空探索，或许能在其他星球发现新的宜居之地。这往往
也成了人们希望的来源。

即使人们认为未来是黑暗恐惧没有希望的，许多战后的专家
仍坚持认为，人类会因生存需要找到增加粮食供应的方法。世界
各国可以把更多的土地用作耕地；扩大农业灌溉面积，在有需要
的地方建造海水淡化处理厂；研发新的营养来源；改良可食用植
物，或许可以尝试用原子辐射对种子做放射处理；通过增加机械、
肥料和杀虫剂的使用来强化现有农业生产。英国牛津大学的农业
经济学家科林·克拉克[1]计算出，若把所有的可耕地都投入使用，
再以与荷兰人同等的体能条件耕种，世界可以养活高达 280 亿的
人口。丹麦经济学家埃斯特·波瑟鲁普[2]认为，人口增长推动了农
业生产的整体进步，农业不再是简单地追求耕后有产出而已。当
时的苏联学者，对西方社会担心人口过剩的观点不以为意，甚至
有人声称已经种植出将近一米宽的白菜。农学家沃尔科维奇[3]说：
"任何诸如'增长极限'的说法，其实都是与时代脱节的。"对

---

1 科林·克拉克（Colin Clark, 1905—1989），英国和澳大利亚的经济学家和统计学家，
  在英国和澳大利亚都工作过。他开创了使用国民生产总值（GNP）作为研究国民经济
  的基础。

2 埃斯特·波瑟鲁普（Ester Boserup, 1910—1999），丹麦经济学家，主要研究经济和农
  业发展，提出了农业集约化理论，也称为波瑟鲁普理论。该理论认为人口变化推动了
  农业生产力发展。她的立场反驳了马尔萨斯的理论，即通过限制食物供应控制人口，
  以粮食供应量决定人口数量。

3 沃尔科维奇（S. I. Volkovitch, ?—? ），苏联农学家。

于这些专家来说，他们没有理由要担心人口过剩问题。

但是，人类即使设法避免了饥荒与战争，还是有人质疑住在如此拥挤不堪的环境里是否值得。工程师和物理学家丹尼斯·盖博[1]估计，"未来社会大量的人口只能靠鱼肉配给维持生活，住在巨大的廉租公寓里，甚至不能大家同时出门锻炼身体。大多数有思考能力的人都会和我一样，一想到这样的未来就感到无比恐惧"。盖博后来也获得了诺贝尔物理学奖。相比之下，其他学者所表达的担忧则略显平庸，比如报社记者担心人口增长会增加体育馆门票的需求量，迫使那些经济能力有限的人在家里通过电视观看比赛。如果人口拥挤的未来如此不堪，为什么早期会有那么多人，十分期待这种情景的到来？这个问题对加利福尼亚理工学院的地球化学家，也是著名的未来主义者哈里森·布朗[2]来说仍然是个谜。他在1954年写道："这种行为仿佛是在进行一场竞赛，试图测试自然界是否愿意一直养着人类。如果事实果真如此，那么人类绝不会就此罢休。届时，在地球表面，人类像蠕虫一样四散各处漫山遍野，而且如果像蠕虫一样能把人堆起来的话，厚度也是相当可观的。"

从长远来看，一些对未来持积极态度的农业学家期待化学进步能拯救人类。人工合成食品的研发成功，至少可以追溯到第一

---

1 丹尼斯·盖博（Dennis Gabor, 1900—1979），匈牙利裔英国电气工程师和物理学家，因发明全息摄影技术而获得1967年的英国物理学会杨氏奖（Young Medal and Prize）及1971年诺贝尔物理学奖。

2 哈里森·布朗（Harrison Brown, 1917—1986），美国核能化学家、地球化学家、政治活动家。

次世界大战时期，当时的德国科学家就从石油中提炼出可食用的脂肪。到了 20 世纪二三十年代，科学家们还讨论直接用树木的纤维素制造淀粉和糖的可能性，以及能否用棉花籽、动物血液和从废水中提取的酵母研发新的食品。这些想法通过报纸和通俗杂志大量传播到社会，而且还得到了最高层政治领导人的认可。伯肯海德伯爵相信，人工合成食品将"最终能宽慰那些提心吊胆的人，因为他们预测有一天地球资源将无法养活他们的孩子"。与当时最有影响力的生物学家之一约翰·伯顿·桑德森·霍尔丹[1]一样，伯肯海德伯爵预计人工合成食品将在 21 世纪中期成为成熟的商业产品。

"二战"后的化学革命似乎让这个目标的达成变得指日可待。因为战时的科研发现与推动作用，使得战后的化工产业制造了一批令人赞叹不已的未来主义产品：改善民众健康的新疫苗和新药物；取代了传统棉花、羊毛和丝绸原料的新纤维材料；能控制农场害虫和郊区蚊子数量的新农药。新的防腐剂、油漆、染料、洗涤剂和建筑材料也在此时出现，同时新的塑料也改变了玩具、碗碟和汽车的样子。新化学时代的流行符号，包括迪士尼乐园的孟山都未来之家[2]（1957 年揭幕，完全由塑料制成），以及所有的现代化工厂。对维克多·科恩来说，这些生产设备代表着"永不停

1　约翰·伯顿·桑德森·霍尔丹（J. B. S. Haldane, 1892—1964），英国科学家，主要研究生理学、遗传学、进化生物学和数学领域。由于在生物学中最先使用统计学，因此也是新达尔文主义的创始人之一。霍尔丹、罗纳德·费雪（Ronald Aylmer Fisher）、休厄尔·赖特（Sewall Green Wright）被认为是种群遗传学的奠基人。

2　孟山都未来之家（Monsanto House of the Future），指 1957 年至 1967 年在美国加利福尼亚州阿纳海姆（Anaheim）迪士尼乐园的明日世界（Tomorrowland）中的一个景点。游客可以参观一个未来风格的住宅，目的是展示现代塑料的多功能性。

息的进步，也是走向技术与文化发展的进步。这种技术和文化发展要求社会能给人们提供平等、休闲、舒适的环境，也要保证教育、大众健康，并实现广泛繁荣"。这场化学革命来得如此迅速，留下的影响也如此之大，使得科学界很多学者似乎都沉醉于人工合成的明日前景。

鉴于当时科技的突飞猛进，未来的食品供应链似乎也将淹没于前景无限的化学海洋中。1956 年，科恩向他的读者展示了 20 世纪末粮食生产可能的样子。他从未来的角度写道：1999 年的农民"用人工合成肥料、土壤改良剂、激素、杀虫剂，还有抗生素、微量元素、除叶剂、生长调节剂。在经过化学处理的土壤里生长的作物能自行祛除杂草。化学农药的喷洒，遏制了小麦锈病等农作物疾病。农民们给小猪喝人工合成奶，给奶牛喂食经过电子处理的锯末"。科恩对农业化学的态度是无比积极乐观的。这与他所著的《1999：我们充满希望的未来》（*1999: Our Hopeful Future*）一书的主题，及其支持增长的未来设想是一致的。

然而，只有真正的人工合成食品，才能使人类完全摆脱食用植物的传统习惯的束缚。这种梦想有时听起来更像古代炼金术而不是现代化学。《纽约时报》（*New York Times*）科学编辑瓦尔德马·坎普弗[1] 想象，以后人们能用锯末和木浆转化成含糖食品，而废弃的纸质桌布和人造纤维衣物也可以转化成糖果。科恩预言以后家里的父母能享受"木质牛排，也就是木板"，而他们的孩子则

1　瓦尔德马·坎普弗（Waldemar Kaempffert, 1877—1956），美国科学作家。

会求着要吃"油膏甜筒",而艾萨克·阿西莫夫[1]则期待 2014 年的世界博览会,能给游客提供"仿造火鸡肉"。日后这些化学奇迹都将在巨型食品工厂内实现。英国科学家阿奇博尔德·洛[2]认为,这些巨型工厂对于供养未来人类是十分重要的。他预测道:"过去我们总预测未来将发生'不可避免的'饥荒,而这些工厂的出现,让这种预测看起来和马尔萨斯主义的预测一样愚蠢。"

一些化学家对人工合成食品能带给社会的好处非常有信心。他们声称人工合成食品比许多天然食品具备更多优点。雅各·罗森[3]是位于美国新泽西州纽瓦克蒙特罗斯化学公司的研究部主任,他与作家马克斯·伊斯特曼[4]在 1953 年出版了《富足之路》(*The Road to Abundance*)一书。罗森认为,大众对自然食品的偏爱高于人工制品是错误的,尤其错在选择以植物为原料的食品。罗森认为,像土豆这样的天然食品既不是为人类设计的,也不是为人类消费而存在的,因此与人工食品相比没有任何优势。他在书中写道:"那些对自然无比崇拜的人,针对他们想获取的利益,我们可以这样说,我们将自然界的产物用于其被创造时未曾想到的用途上,这就是不遵循自然原则的行为。自然的行为应该是使用人

---

1 艾萨克·阿西莫夫(Isaac Asimov, 1920—1992),生于苏俄的美籍犹太作家、生物化学教授。他的作品以科幻小说和科普丛书最为人称道。是美国科幻小说黄金时代的代表人物之一。

2 阿奇博尔德·洛(Archibald Low, 1888—1956),英国监理工程师、研究型物理学家和发明家。他研发了第一架动力无人机,并撰写了 40 多本书。

3 雅各·罗森(Jacob Rosin, ?—?),美国化学家。

4 马克斯·伊斯特曼(Max Eastman, 1883—1969),美国文学、哲学和社会学作家,也是一位诗人和杰出的政治活动家。

工合成物，因为这些人工合成物是专门为满足我们的需求而制造的，因此符合我们的所有要求。"罗森认为自己揭示了所谓天然食品的真实本质。他说：天然食品是"一种分类不明确的化学混合物，含有大量难以消化的物质，里面有一定比例的物质对我们的健康有害"。相比之下，人工合成食品才是为人类量身定制的，所以吃起来也更健康。

两部首刊于 1958 年的美国连环画周报，通过报业辛迪加[1]得以在国际上发行，因此给全世界数百万人传递了与上述内容类似的对人工合成食品的乐观态度。插画家亚瑟·拉德博[2]把作品《比我们想得更近》的创作目光放在所有未来事物上，而且经常讨论食品生产的未来。他在一篇题为《脂类植物与肉用甜菜》（*Fat Plants and Meat Beets*）的连环画中解释说："在拥挤不堪的明日世界里，牧场会越来越少，所以牛排可能不得不被人工提取的植物蛋白所取代。这些植物蛋白加入一些人工合成物，味道尝起来就和真的肉一样。"美国明尼苏达大学理工学院院长阿瑟尔斯坦·斯

1　辛迪加（Syndicate），是一种自我组织形成的团体，由个人、公司或实体组成，属于低级垄断形式，虽然不会垄断整个市场，但会造成局部垄断，形成一定规模影响。辛迪加借由少数同行业企业间相互签订协议产生。所有加入辛迪加的企业，都由辛迪加总部统一处理销售与采购事宜，或者处理某些特定业务并追求或促成共同的利益。在大多数情况下，辛迪加成立的目的是扩大利润。

2　亚瑟·拉德博（Arthur Radebaugh, 1906—1974），美国未来主义者、插图画家、喷漆艺术家、工业设计师。他为汽车工业创作了大量的作品，也因其在黑光灯下对荧光涂料的艺术实验而闻名。从 1958—1963 年，他为《芝加哥论坛报》（*Chicago Tribune*），即纽约新闻辛迪加，制作了周日刊连环画《比我们想得更近》（*Closer Than We Think*）。

1965 年 11 月，阿瑟尔斯坦·斯皮尔豪斯通过他极受欢迎的连环画《我们的
新时代》，鼓吹基于化石燃料生产的人工合成食品的潜力，比如"仿培根"、
"石油比萨"和"仿饼干"，并建议使用这些食物养活未来不断增长的人口。
图为连环画的一个插图

资料来源：马特·诺瓦克（Matt Novak）

皮尔豪斯 [1]，创作了连环画《我们的新时代》（*Our New Age*）。他
向儿童传授科学知识，并用这种方式推测基于化石燃料生产的人
工合成食品，能有多大潜力养活不断增长的人口。这两部连环画
始终对人工食品保持着乐观态度，但目前很难对它们的影响做过

---

1 阿瑟尔斯坦·斯皮尔豪斯（Athelstan Spilhaus, 1911—1998），南非裔美国地球物理学家
   和海洋学家。

高评价。1962 年，当斯皮尔豪斯见到总统约翰·菲茨杰拉德·肯尼迪 [1] 时，总统和他开玩笑说：他学到的所有科学知识都是来自于斯皮尔豪斯的连环画。

但是化学的奇迹也可能导致灾难而不是实现拯救人类，至少科幻小说家是这样设想的。1947 年，沃德·摩尔 [2] 出版了一本现已成经典的讽刺小说《比你想得更绿》（*Greener Than You Think*）。书中认真分析了被实施基因强化的百慕大 [3] 野草毁灭人类的问题。在摩尔的故事中，一位业余科学家研制了一种化合物，能使草科中的某一品种产生基因突变，从而生长得异常旺盛。这个科学家原本出于善意的打算，想把该配方应用于改良玉米和小麦，因为它们都属于草科。她一直强调："我希望不再有落后的国家，印度或者中国不再有饥荒；不再有黑风暴事件 [4]；不再有战争、经济萧条和挨饿的孩子。"然而，迫于资金的压力，她请了一位销售员

1　约翰·菲茨杰拉德·肯尼迪（John F. Kennedy, 1917—1963），第 35 任美国总统，美国历史上至今第 4 位遇刺身亡的美国总统。

2　沃德·摩尔（Ward Moore, 1903—1978），美国科幻小说家。根据《科幻小说百科全书》（*The Encyclopedia of Science Fiction*）所述："他对该领域的贡献不多，但他的每本书都成了经典之作。"

3　百慕大（Bermuda），指位于北美洲东部北大西洋海域上的群岛，是英国的海外领地。百慕大依靠金融业和旅游业实现经济繁荣，以"避税天堂"和"公司天堂"闻名，是世界著名的离岸金融中心。

4　黑风暴事件（Dustbowl），又称肮脏的 30 年代（Dirty Thirties），指 1930—1936 年（个别地区持续至 1940 年）期间发生在北美的一系列沙尘暴侵袭事件。由于干旱和数十年的农业扩张，使得北美大平原的表层土壤遭到过度开垦，破坏了原本固定地表的土壤和贮存水分的天然草场。与此同时，人们没有实施防止水土流失的措施，所以风暴来临时卷起沙尘形成沙尘暴，使得美国和加拿大大草原上的生态以及农业受到巨大影响。沙尘暴从中部草原一直吹到东海岸的纽约和华盛顿特区等地，而后抵达大西洋才逐渐沉降。

把未完善的配方卖出去，以筹集一些资金，用于当地的农作物。当然，销售员自己也想赚钱。他认为把配方用于草坪养护能获得更多收益，于是就决定把配方卖给他的邻居，让邻居在他自家的院子里使用。事实证明，这些经过基因改良的小草，能抓住周围的任何东西来给自己供应养分，然后长到巨大无比的尺寸。自此以后，这些小草开始肆无忌惮地在世界各地蔓延。它们能适应任何海拔、气候和环境条件。最后，它们把人类和大多数生命体，都推向了灭绝的边缘。

资源枯竭

人们产生的另一种恐惧是担心资源枯竭，这也导致小说中开始出现环境浩劫的场景。第一次世界大战结束 10 年后，英国知名记者菲利普·吉布斯在写作过程中发现，大部分科学家都很担心西方在找到可替代能源之前，就已经耗尽了世界上所有能开采使用的煤炭和石油矿藏。他写道："就大众对未来的担忧而言，这似乎是一场科学家和资源储备之间的竞赛。资源的枯竭将迫使我们倒退回野蛮时代的状态，然后走向死亡。"资源枯竭的未来景象也吸引了科幻小说家的目光，比如英国作家奥拉夫·斯塔普雷顿[1]。斯塔普雷顿在 1930 年出版了一部极具开创性和影响力的小说，名为《最后与最初的人》（*Last and First Men*）。他设想在未

1　奥拉夫·斯塔普雷顿（Olaf Stapledon, 1886—1950），英国哲学家、科幻小说家。2014 年被选入科幻与幻想小说名人堂（The Science Fiction and Fantasy Hall of Fame）。其作品预示了未来"超人类主义"（Transhumanism）的诞生。

来世界，人们已开始研发可替代能源，但尚未完全摆脱对化石燃料的依赖。当最后一块煤炭最终耗尽时，人类文明崩溃了，由此开始了斯宾格勒所说的历史的兴衰循环。斯塔普雷顿在书中追溯了在 20 亿年的时间里，自然界 18 个不同物种类别的原始人类发展的历程。

在两次世界大战之间，人类从未停止对可再生能源的探索，有时还会产生几个普罗米修斯式的研发方案。20 世纪 30 年代，德国工程师赫尔曼·胡纳夫[1]提议建造巨大的风塔，每座风塔都比帝国大厦[2]高，风塔还配备了多个涡轮机。另一位德国建筑师赫尔曼·瑟格尔[3]，则为一个更加宏伟的能源项目在各地做演讲游说。瑟格尔称其为亚特兰特罗帕（Atlantropa）项目，他试图把地中海盆地改造成一个巨型水力发电站。而水电能源项目的核心是在直布罗陀海峡[4]上建造一座大坝，把地中海与大西洋隔开，再通过控制水流产生大量电力。瑟格尔希望由此产生的电力，可以把欧洲从化石燃料枯竭的危机中拯救出来，并提供一个途径改造非洲的

1　赫尔曼·胡纳夫（Hermann Honnef, 1878—1961），德国发明家，在使用风能方面具有远见卓识，被认为是风能使用的先驱。他的发明设计包括通过连接各个风力涡轮机，从而平衡电压波动，再通过氢气发电实现中间存储，最后实现在海上工厂使用海风发电，也可以利用高海拔地区的风发电。

2　帝国大厦（Empire State Building），位于美国纽约市曼哈顿的一栋摩天大厦。1931 年落成，当时就成为美国最著名的地标和旅游景点之一。由落成到 1972 年，该建筑一直保持着世界最高建筑的纪录。

3　赫尔曼·瑟格尔（Herman Sörgel, 1885—1952），德国建筑师，因提出亚特兰特罗帕项目（Atlantropa project）而闻名。该项目最初的设计是为了解决 20 世纪初欧洲的经济与政治动荡的局面。

4　直布罗陀海峡（Strait of Gibraltar），位于欧洲与非洲之间，分隔大西洋与地中海的海峡，因其所在的直布罗陀市而得名。海峡位于西班牙境内，但实际属于英国的海外领地。

20世纪30年代，德国工程师赫尔曼·胡纳夫提议建造巨型多臂涡轮机，以获取高速风能。此效果图来自当时的德国明信片，对比图中位于前景的微型建筑和街道，可以感受到胡纳夫所设想的塔楼其体形之巨大

资料来源：AKG 制图（akg-Images）

环境与气候，能更有利于欧洲在非洲的殖民。他还期待项目过程中的水汽蒸发能逐渐降低地中海的水位，为欧洲不断增长的人口创造将近 65 平方公里的新生活空间。

"二战"后，人们对资源枯竭的担忧又上升到了一个新高度。其中一个原因是战争消耗的资源之多，令人瞠目结舌。"二战"的参战者在全球范围内扫荡石油、金属、橡胶和木材，以满足其战事所需。德国在其占领的东欧地区砍伐了大片森林，加拿大的铝业公司在英属圭亚那[1]开发了新的铝土矿，美国也为巴西橡胶工业的急剧扩张提供资助。为了报效祖国，所有的战士都响应国家号召，以饱满的热情将本国的资源开采一空。最后导致这些国家在战后更加依赖外国资源。1947 年美国内政部报告指出，战争消耗了美国 60% 的锌和铜的资源储备，以及 70% 的高级铝土矿、83% 的银和铅、97% 的汞。其他有实用价值的矿物储量也在同时期急剧减少，这种情况引起了政府对未来资源短缺的恐慌。同年，一个美国政策智库报告说："我们最宝贵的资源储备，很可能会在 10 到 20 年内开始形成短缺。因此，在 20 世纪 50 年代的 10 年时间，美国将会出现严重的资源短缺问题。"

另一个令民众担忧的原因是，战后以美国和英国为首的西方国家已经有意识地开始把增长置于其未来经济规划的中心。不仅是西方资本主义国家与东方共产主义国家这样操作，事实上世界上大部分国家都开始追求增长带来的新福音。这一情况发生的原

1　英属圭亚那（British Guiana），前英国殖民地，为英属西印度的一部分，位于南美洲的北部海岸。1966 年脱离英国独立后被称为圭亚那合作共和国（Co-operative Republic of Guyana）。

因是经济学家约翰·梅纳德·凯恩斯[1]战前所做的相关研究工作。他提出由政府主导促进消费的理念，加剧了战后世界史无前例的经济扩张。从此，经济增长成为大众的心之所向，其付出成本以及能给予民众的好处通常都不容置疑。总统资源委员会的一个成员在1952年的报告中写道："美国人民都相信增长的定律。必须承认的是，我们其实很难找到一个让人信服的缘由来说明这种增长信念是因何而生。但我们承认，对我们西方人来说，相比其他任何与增长相反的理念，这种增长的信念似乎更容易被人接受。因为对我们来说与增长相反的理念，就等同于停滞与衰败。"因此，经济增长迅速成为一项基本的经济原则，也成为全世界的基本信念。

没过多久，经济学家就通过成本分析论证出，地球资源不是有限的。这些经济学家指出，自19世纪以来，技术创新实际上已经降低了农业和矿产的生产成本，而且有效地扩大了资源开采的规模。但是，对生态学家来说，基于经济理论而得出纯理论化的参数，其实忽略了非常重要的一点。瑞典食品科学家格奥尔格·博格斯特罗姆[2]写道："在自然界的词典中，不存在所谓'无限'的

---

1 约翰·梅纳德·凯恩斯（John Maynard Keynes, 1883—1946），英国经济学家，20世纪最有影响力的经济学家之一。他的思想从根本上改变了宏观经济学的理论与实践，也改变了政府的经济政策，后被称为凯恩斯学派。他主张政府积极扮演经济舵手的角色，透过财政与货币政策来对抗经济衰退乃至经济萧条。

2 格奥尔格·博格斯特罗姆（Georg Borgstrom, 1912—1990），瑞典植物生理学家、食品科学家、地理学家和生态学家。因其关于世界贫富分布、人类对自然的掠夺，以及全球粮食短缺风险等问题的独到见解而闻名于世。1967年他被《瑞典快报》（*Expressen*）评为"世界上最重要的瑞典人"。

概念。"美国律师和保护主义者塞缪尔·奥德韦[1]认为，人类不断增加的需求最终会导致资源稀缺、价格上涨、工业产出下降。即使目前还没发生这种情况，但这是尽人皆知的常识。他认为："有一天人类也会达到扩张的极限，认识到这一点比地球资源取之不尽用之不竭的信念会更有说服力。"

人们对以消费实现增长的高度关注，致使大众认为未来世界应该到处都是一次性产品。当《纽约时报》的科学编辑身处 1950 年去设想 2000 年的家庭时，他看到的世界场景是：工业实现了大规模生产，因此购买私人物品变得非常廉价，人们会觉得换个新的产品比清洁或修理旧的产品更便利也更便宜。这对经济也更有利。他笔下的未来家庭只用一次性可溶解的塑料盘子，然后用开水把它们溶解到水槽里。未来的人把污损的餐巾和草编纸做的桌布扔进焚烧炉。他们甚至希望他们的房子只能用 25 年，因为"在 2000 年，人们认为建造一个能用一个世纪的房子没有任何意义"。实际上，让人们真的以这种方式生活，可能比企业所期待的大众生活更有挑战性。一家主要的纸质服装制造商感叹道："美国公众仍然被浪费可耻的想法所束缚。"但是，该公司仍然乐观地认为大众最终会改变看法。

到 20 世纪 50 年代初，这种挥霍无度的生活方式开始扩展到非发达国家，也影响到了我们的后代。由此产生的环境恶果，也

---

1 塞缪尔·奥德韦（Samuel H. Ordway Jr., 1900—1971），美国律师、公务员制度改革者、作家、环保主义者。

引起了科幻小说家们的创作欲望。菲利普·金德里德·狄克[1]的短篇小说《调查队》（*Survey Team*）讲述的是，一场持续了 30 年的战争，人类破坏了地球的表面，因此促使一队探险家去火星寻找人类新的家园。探险家在火星发现了一个先进文明的废墟。该文明在 60 万年前就耗尽了火星所有的资源。在逃往另一个世界之前，他们在火星留下了"一个巨大的垃圾堆"。探险家试图寻找火星人逃亡星球的位置，并希望与他们在别的星球会合。可是这些探险队员惊恐地发现火星人原来迁移到了地球，并在地球上进化成了原始人类。罗伯特·富兰克林·杨[2]的《贾姆希德的法庭》（*The Courts of Jamshyd*）似乎延续了狄克笔下的故事。《贾姆希德的法庭》描绘了在被毁坏的地球上，仅存的几个居民已沦落至原始人的生活状态，而且他们也在慢慢死去。他们把对前几代人的仇恨转化为宗教仪式舞蹈，边跳边振臂高呼："我们的祖先都是猪！"

地球化学家和未来主义者哈里森·布朗发现，人类未来更有可能发生另一种情况。他在 1954 年出版了一本令人深思的书——《人类未来的挑战》（*The Challenge of Man's Future*）。布朗总结出工业文明的未来面临三种可能。最有可能发生的情况是，由于战争、人口过剩、资源枯竭的综合影响，工业文明将逐渐衰落或直接崩溃，而后全球都将倒退回农业社会时代。此外，布朗把极

---

1 菲利普·金德里德·狄克（Philip K. Dick, 1928—1982），美国科幻小说作家，一生共编撰了 44 本小说和大约 121 篇短篇故事。

2 罗伯特·富兰克林·杨（Robert F. Young, 1915—1986），美国科幻作家，一生默默无闻，晚年时才为人所知。其短篇小说《蒲公英女孩》（*The Dandelion Girl*）获 1965 年雨果奖最佳短篇小说提名。

可能发生的机器文明衰落，与因食物供应减少或环境改变而发生的生物物种衰落做了一项对比。工业社会克服外在环境困难的可能性比较小，但是那时衰落后的未来世界也会稳定在一个高度集权控制的社会文明中。布朗预测说："人类面对的第三种可能性是实现世界范围内的自由工业社会。在这个社会中，人类可以与周遭环境以理性的方式和谐共处。但是，这种和谐共处的社会模式不太可能长期存在。因为这种模式必定难以实现，所以一旦建立起来，显然也难以为继。"他把第三种情况发生的可能性评为"极低"。

在战后社会的发展扩张过程中，学者研究出一种更加系统科学的预测方法。这一方法的出现，甚至重塑了他们对未来的研究方向。时任美国哥伦比亚大学教授的社会学家丹尼尔·贝尔[1]在1967年写道：未来研究的新领域会"源于一个非常简单的社会现实，即今天的每个社会都有意识地要保证经济增长，要保证人民生活水平的不断提高。因此，政府就需要保证能对社会变革实施有效的规划、指导和控制"。当时，美国出现了兰德公司和哈德逊研究所[2]这样的政策智库，而美国文理科学院[3]则成立了"2000年

---

1 丹尼尔·贝尔（Daniel Bell, 1919—2011），美国社会学家、作家、编辑、哈佛大学教授。他因对后工业社会研究的贡献而闻名，被称为"战后美国知识分子的领军人物"之一。

2 哈德逊研究所（Hudson Institute），成立于1961年的美国非营利性智库组织。该公司由未来学家、军事战略家、系统理论家赫尔曼·卡恩（Herman Kahn）和他在兰德公司的同事在纽约成立，是美国五大保守派智库之一。

3 美国文理科学院（American Academy of Arts and Sciences），成立于1780年，是美国历史最悠久的院士机构，也是地位最崇高的荣誉团体之一。该学院是进行独立政策研究的学术中心。

委员会"。同时，贝特朗·德·约弗内尔[1]在法国成立了"未来国际项目"，英国社会科学研究委员会[2]也成立了"未来三十年委员会"。一些新的组织也明确表示，他们专注于研究与自然资源相关的问题，比如"未来资源组织[3]"和巴克明斯特·富勒[4]的《世界资源存量目录》。在私营领域，企业建立了自己的研究部门，甚至聘请了像弗雷德里克·波尔[5]这样的科幻小说家作为其发言人和顾问。对未来发展的特殊愿景让西方国家长期致力于扩张的进程，而现在扩张的速度又使得人们开始把对未来发展的认真思考当成首要任务。

事实上，在第二次世界大战后的 25 年里，大众对明日世界的兴趣又达到了一个新的高度。繁荣的美国更是如此，当时美国社会中充满了未来的气息。以几十年或几个世纪后的世界为背景的

---

1 贝特朗·德·约弗内尔（Bertrand de Jouvenel, 1903—1987），法国哲学家、政治经济学家、未来主义者。他在巴黎成立未来国际（Futuribles International）。该组织旨在将政府长期发展的意识形态有效地融入社会决策和行动中，并在法国和世界各国的未来展望研究中发挥了主导作用。

2 英国社会科学研究委员会（Social Science Research Council），成立于 1965 年，现更名为英国经济和社会研究委员会（Economic and Social Research Council），是英国最大的资助经济和社会问题研究的组织。

3 未来资源组织（Resources for the Future），成立于 1952 年的美国非营利性组织。其主要通过经济学和其他社会学科对环境、能源和自然资源问题进行独立研究。

4 巴克明斯特·富勒（Buckminster Fuller, 1895—1983），美国建筑师、系统理论家、作家、设计师、发明家、哲学家、工作评论家和未来主义者。他在 1980 年整合自己创立的世界游戏研究所（World Game Institute）以及《世界资源存量目录》（*World Resources Inventory*），出版了《世界能源数据表》（*World Energy Data Sheet*），汇编了各国的能源生产、资源和消费的概要信息。

5 弗雷德里克·波尔（Frederick Pohl, 1919—2013），美国科幻作家、编辑，曾获得四次雨果奖和三次星云奖。

虚构故事，时常出现在印刷品、电影、广播和电视上。估测未来生活的严肃新闻报道也成为报纸、杂志和电视纪录片的常见内容，比如由沃尔特·克朗凯特[1]主持的纪录片《二十一世纪》系列。对明日世界的迷恋也给了像华特·迪士尼[2]这样的企业家很多灵感。他开始在佛罗里达州建造"明日社区实验原型[3]"，并把明日世界的概念渗透到中西部小镇的日常生活中。小镇的妇女团体会在当地表演戏剧，并举办未来主义主题的晚宴。建筑师罗德里克·塞登伯格[4]在1961年写道："在社会无情的发展势头影响下，我们似乎是历史上第一次比过去更接近未来，就好像在高速前进的过程中，我们和人类历史遗产之间产生了一个真空断层。"战后的西方已经进入了预言中所说的过度发展时期。

1　沃尔特·克朗凯特（Walter Cronkite, 1916—2009），美国记者，"冷战"时期美国最富盛名的电视新闻节目主持人，CBS的明星主播，被誉为"最值得信赖的美国人"。1957年开始主持纪录片《20世纪》（The 20th Century），1967年更名为《二十一世纪》（The 21th Century）。该作品原为记录本世纪重要历史事件的纪录片，几乎全部由新闻片和采访组成，更名后其内容多为对未来的估测性报道。

2　华特·迪士尼（Walt Disney, 1901—1966），美国动画师、电影制片人、企业家。作为美国动画产业的先驱，他促使了动画片制作的商业发展。作为一名电影制片人，他保持着个人获得奥斯卡奖和提名最多的纪录，曾获59项奥斯卡提名，以及22项奥斯卡奖。他也被授予两项金球奖特别成就奖和一项艾美奖，以及其他诸多荣誉。他的几部电影被美国国会图书馆（Library of Congress）列入国家电影名录（National Film Registry）。

3　明日社区实验原型（Experimental Prototype Community of Tomorrow），是一个未完成的概念型社区，由华特·迪士尼开发并由WED企业在20世纪60年代设计规划的乌托邦社区。社区设计的目的是借美国工业的最新技术和创新，基于现代主义和未来主义的思想，建造一个高效运行的城镇，以取代当时美国不断增加的无序扩张城市，以及低效的城市基础设施。

4　罗德里克·塞登伯格（Roderick Seidenberg, 1889—1973），德裔美国建筑师、作家。

无限能源的许诺

哈里森·布朗认为，人类当前面临的极限不是地壳中可用资源的总量有多少，而是人类是否有足够廉价的能源供给，而且还能以合理的成本开发这些能源资源。有了能无限供应的廉价能源，就有可能实现在最狭窄的矿脉中开采煤炭，从最低等级的矿石中提取金属，从页岩和含油砂中提取石油。人们或许能实现，开采出的能源可以比开采过程损耗的能源多无数倍。布朗在加州理工学院的团队计算出，一吨花岗岩中储存的 4 克铀，一旦被提炼出来，就可以提供更多的能量让采矿过程不断进行下去。诸如此类的发现使得维克多·科恩预测，1999 年将出现"一个崭新的石器时代"。到那时，巨大的机器将不停碾压地球上的山脉，然后从废墟中提取有价值的物质。当然，开展这项工作所需的技术，目前还不存在。但是，学者认为这种技术存在理论上的可能性，加之民众对进步秉持的信心，这些都使得支持持续增长的人认为，那些觉得资源稀缺的想法都是无稽之谈。

然而，科学家们表示，他们很难相信某种已开发的能源，能满足未来不断增长的需求。无论是单独使用某一能源，抑或是把所有的能源结合在一起使用，都不可能满足。当时，人们认为化石能源终究会耗尽的信念依然非常普遍。1956 年，马里昂·金·哈伯特[1]的"石油峰值"理论一经发布，更进一步强化了这种预期。该理论预计美国的石油产量，最快将于1970年开始下降。事实上，对化石燃料最终会耗尽的信念是如此深入人心，让俄克拉何马州塔尔萨市市民在1957年把一辆全新的普利茅斯的贝尔维迪[2]轿车埋入时间胶囊的时候，他们还顺带埋了近40升的汽油，以便50年后挖出这辆车的人能够正常驾驶。风能与太阳能这样的可再生能源，似乎并没有提供解决能源供应的方法。工程师们还在不断改进这类新能源供应的技术，但因投资不足，其进展仍然缓慢。

在更有前景的能源资源尚未发现的情况下，英国物理学家查尔斯·高尔顿·达尔文[3]构想了遥远的未来时光。他觉得到那时，世界上仅存的几家工厂可能会坚持使用可再生的水力资源，与一个已经倒退回农业社会的世界做交易。他警告说："任何不同意我的预测的人，都应该试着摆脱那种对未来含混不清的乐观主义。因为这种乐观主义，只表达了一种'否极泰来'的信心。"

原子能在战后的快速发展是出乎意料的，这似乎给人们带来了一些拯救未来的希望。科学家此前已经为原子能研究努力了好

---

1 马里昂·金·哈伯特（M. King Hubbert, 1903—1989），美国地质学家和地球物理学家。他对地质学、地球物理学和石油地质学做出了重要贡献，最引人注目的是提出了哈伯特曲线（Hubbert curve）和哈伯特峰理论（Hubbert peak theory，石油峰值理论的一个基本组成理论）。

2 贝尔维迪（Belvedere），美国普利茅斯汽车公司从1954年到1970年生产的一系列汽车型号。

3 查尔斯·高尔顿·达尔文（Charles Galton Darwin, 1887—1962），英国物理学家，在第二次世界大战期间曾任英国国家物理实验室（National Physical Laboratory）主任。他是数学家乔治·霍华德·达尔文（George Howard Darwin）的儿子，查尔斯·达尔文（Charles Darwin）的孙子。

几十年。但是，仅 1954 年至 1957 年的短短 4 年内，首先是苏联，而后是英国、法国和美国，都建造并运行了它们的第一个核电站。英国科学作家及《新科学人》[1] 杂志编辑尼格尔·卡尔德[2] 认为，核技术的快速发展就是人类无与伦比的好运气。他曾写道"如果没有核技术，传统化石燃料最终枯竭的未来，其实是非常可怕的。"丹尼斯·盖博也认同这一看法，他以欣慰的口吻写道，现在"人类永远不会耗尽能源"。人们以空前乐观的情绪期待着核电站迅速成为世界能源的主要供应商。1957 年，布朗和他的团队估计：到 20 世纪末，原子能可以满足三分之一的世界能源需求，到 21 世纪中期将可以满足世界大部分能源需求。包括美国原子能委员会[3] 成员在内的一些科学家认为，到那时原子能将便宜到微不足道，届时政府也会免费供应。

原子能在军事上的应用，又在民间幻化出一系列更复杂的未来。一方面，投掷在日本的原子弹，让人们产生了核能末日的阴影。1945 年后，以被辐射污染后的文明废墟为背景的小说迅速增多。这些故事大多都想象，人类以骇人听闻的方式破坏或改造了自然世界。辐射有时会导致废墟的幸存者丧失生育能力，同时也会遭遇基因缺陷的困扰。辐射也可能给这些幸存者非同寻常的超能力，比如心灵感应。受辐射变异的动物也会威胁幸存者的生命，其中

1　《新科学人》（New Scientist），国际性科学杂志，内容涵盖科学技术领域各方面，首版于 1956 年。

2　尼格尔·卡尔德（Nigel Calder, 1931—2014），英国科学作家、编辑。

3　美国原子能委员会（U.S. Atomic Energy Commission），美国国会在"二战"以后立法设立的政府机构，目的是提倡管理原子能在科学及科技上的和平用途。

以巨型昆虫尤为常见。基因突变偶尔也会产生一个更高级的人类种群，而这些新种群又试图灭绝他们所剩无几的前辈。虽然在20世纪初科学家发现辐射后，这些主题已经开始出现在文学作品中，但原子弹给想象中的故事结局提供了一个非常真实的发展导向。

另一方面，一些科学家已经发现了原子弹推动人类扩张的潜在作用。在政府的支持下，科学家开始制订计划，通过地下核爆炸进行各种大规模的环境工程。而在几代人之前，西方社会早已非常期待能实现这种环境工程。原子弹或许可以用来开辟新港口，挖掘新运河，建造土坝，改变河流路径，还有蒸发冰盖。人们还可以利用原子弹发掘深层矿体、释放含油砂中的石油，并激发矿脉产生天然气，由此彻底改变采矿业。在此之后，还能留下工业钻石或者有用的同位素。虽然美国和苏联的原子能计划最具野心，但其他西方国家，比如加拿大和澳大利亚，也考虑将核爆炸用于类似的工程。氢弹之父爱德华·泰勒[1]在1960年写的一篇文章《我们即将创造奇迹》（*We're Going to Work Miracles*），其标题就概括了人们对核能发展的希望，尤其是那些倡导用于和平目的而使用核爆炸的人。

然而，虽然学者构想了原子能的各种用途，也承诺用于和平目的，核裂变技术还是有明显的缺陷。随着时间的推移，公众开始越来越担心核弹试验所释放的辐射。而且核裂变电站的寿命有限，大量的放射性副产品必须要确保能安全储存几个世纪。尽管

---

[1] 爱德华·泰勒（Edward Teller, 1908—2003），匈牙利裔美国理论物理学家，因其"泰勒·乌兰设计"（Teller–Ulam design）而被人们称为"氢弹之父"。

盖博有一种不再受困于能源危机的释然，但他依然表示："一想到未来的世界充满了被铁丝网包围的废弃发电站，没有人会感到高兴。"正是考虑到核能的这种局限性，科学界的一些学者把核裂变作为能源发展的一个中间过渡阶段，著名的英国科幻作家和未来主义者亚瑟·查理斯·克拉克[1]就是其中之一。他预测核裂变反应产生的能量，在人类历史上扮演的不过是过客的角色。他补充说："人们希望他们以后不需要用核能，正是因为核裂变过程是人类目前所知最脏最让人讨厌的释放能量的方式。"从长远来看，人类必须找到一种替代核裂变的方法。

克拉克还有其他学者都把解决持续能源供应问题的希望投向了核聚变。核裂变是通过把重原子的原子核分开释放能量，而核聚变则是通过把较轻的原子核连接起来释放能量。核聚变有两个特点极具吸引力：首先，从普通的水里就能很轻易地提取出核聚变燃料；其次，聚变反应产生的放射性废物比裂变反应少得多，半衰期也比裂变反应短。虽然聚变反应的过程从未做过大规模实验论证，但核技术的快速发展让大部分科学家都对未来抱有更乐观的态度，并认为核聚变时代即将到来。此后不久，被誉为印度

1　亚瑟·查理斯·克拉克（Arthur C. Clarke, 1917—2008），英国科幻作家、科普作家、未来主义者、发明家、海底探险家、电视节目主持人。他因善于撰写科幻小说而闻名。他最知名的科幻小说作品是《2001 太空漫游》（*2001: A Space Odyssey*）。该书于 1968 年拍摄成同名电影，并成为科幻电影的经典名作。

核计划之父的霍米·巴巴[1]在1955年日内瓦"原子能和平会议"上预言，受控核聚变将在未来20年内成为现实。克拉克则认为这项技术的实现，可能需要再多等15年。但是，克拉克相信在化石燃料耗尽之前，因为实现核聚变，海洋将为人类提供无限能源。他写道："如果从现在开始，未来的两代人存在能源短缺的情况，那正是因为我们这一代人的无能造成的。到时，人类就会像回到石器时代一样，冻死在煤矿层上。"

布朗是少数认为人类仍将面临资源极限的人之一，即使人类有无尽的核聚变能源可供支配。但毕竟，地球也就这么大。因此，他在1956年出版的书中做了一项计算：如果人口持续增长并有能力加速消耗地表的岩石，地球迅速缩小的速度会是多少？他计算出："300亿人口将以每年约15 000亿吨的速度消耗地表岩石。如果假设世界上所有的地表都可用于核聚变过程，人类将以每年平均3.3毫米或每千年超过3米的速度向下'啃噬'地球。"布朗的计算提供了一个不同寻常的视角，阐释了人类的胃口可以增大到什么程度，以及为了满足人类需求，可能需要消耗多少环境成本。

其实在16年以前，科幻作家威拉德·霍金斯[2]就已经预见到布朗的担忧，并把目光放到遥远的未来以推测核聚变造成的后果。

1　霍米·巴巴（Homi Bhabha, 1909—1966），印度核物理学家，塔塔基础研究所（Tata Institute of Fundamental Research）的创始人及物理学教授。他被誉为"印度核计划之父"，也是特朗贝原子能机构（Atomic Energy Establishment, Trombay）的创始人，该机构现更名为巴巴原子研究中心（Bhabha Atomic Research Centre），以纪念霍米·巴巴。1955年他作为联合国大会主席，在日内瓦主持召开了"原子能和平会议"（Atoms for Peace conference）。

2　威拉德·霍金斯（Willard Hawkins, 1887—1970），美国作家、编辑、出版商。

他的短篇小说《不断缩小的球体》（*The Dwindling Sphere*）就是以一个新发现的聚合过程开始的，这个新聚合过程可以把任何形式的物质转化为"普拉斯特西"（Plastoscene）。这种极易塑形的物质可用于各种用途，包括制作食物。后世几代人都欣然接受了这种聚合过程，所以不停地开采地表土壤和水源，以满足普拉斯特西设备的需求，然后把产品供应给不断增加的人口。这个过程彻底改变了人类文化和地球的面貌。20万年后，地球已经缩小到只有月球大小。然而，人们依旧像以前一样不愿意承认环境资源存在极限。他们否定了神话中说的"地球曾经是巨大无比的"。他们认为"简直无法想象有一天地球会小到不能再被人类改造"。

最后的疆域

对人口过剩和资源枯竭的担忧，让人们开始质疑增长是否存在极限性。为了解决极限性的问题，人们运用新技术开辟海洋和外太空，作为人类或许能进一步发展扩张的场所。在第二次世界大战之前，人类对海洋表面下的情况知之甚少，人类的旅行也尚未超越地球大气层。但是，比如水下呼吸装置的改进和火箭技术的进步，这些新技术的研发或许能使我们的探索到达从未触及的深度和高度。这些领域的研究，一小部分是为了满足人们对科学的好奇心或者冒险精神的需求。然而，大部分研究还是为了给饥饿的世界增加食物供应，为政府和工业需求寻找未开发的资源，或者为不断增加的人口创造新的生活空间。战后不久，普罗大众开始把海洋和外太空称为"新的疆域"，这一说法正好与西方历史上的扩张理念有异曲同工之处。

长期以来，人们一直都把"取之不尽，用之不竭"这两个词，与地球的广袤海洋联系起来。1813 年，一位英国时事评论员说：海洋"提供了一个取之不尽的财富之矿"。1883 年，英国伟大的生物学家托马斯·赫胥黎[1]在国际渔业展览会上宣称，所有的大型渔业资源都是"取之不尽，用之不竭"的。他解释说："我们所做的一切都不会对鱼类数量造成严重影响。"直到 20 世纪中叶，"海洋资源是无限丰富的"观点盛行，甚至海洋科学家也如此认为。1954 年，一位美国著名的海洋学家与别人合著了《无尽之海》(The Inexhaustible Sea)。该书出版后共经历22版，并一直重印到60年代。作者一直表示："我们已经开始明白，海洋所提供的东西，超出了我们想象的极限——有一天，人类将意识到海洋能赐予人类的是取之不尽的资源。"

"二战"后，海洋产出的持续攀升似乎也证实了这种信念。捕鱼船队的规模在战后开始急剧扩大，特别是日本和苏联集团[2]的船队，而且船队也开始探索尚未开发的海域。海洋学的发展也促使了扩张的加速，新捕鱼技术的发展尤为典型：基于声呐技术的探鱼器使捕鱼更加精准；人造纤维令渔网更加强韧；就像前几代人梦想的那样，巨大的捕鱼加工船通过在船上加工并冷冻鱼，延

---

1 托马斯·赫胥黎（Thomas Huxley, 1825—1895），英国生物学家和人类学家，达尔文进化论的主要倡导者。通过研究比较解剖学，他提出人类和大猩猩具有十分类似的脑部结构。他还提出鸟类是从小型肉食性恐龙进化而来的结论，这一理论今天仍被学界广泛认同。

2 苏联集团（Soviet Bloc），又称东方集团（Eastern Bloc），为"冷战"期间西方阵营对中欧及东欧地区前社会主义国家的称呼，其范围大致为苏联及华沙条约组织的成员国。

长了捕鱼的时间和距离。因此，在战后的 25 年里，世界海洋的捕鱼量是以前的三倍。对大部分人来说，这意味着海洋可能真的是明天的食物来源。美国商业渔业局在其 1967 年的报告中估计，仅依靠海洋资源就可以满足 300 亿人每年的蛋白质需求。

与此同时，海洋科学也得到了长足发展，业界专家与政府和公司携手合作，使海洋产业开始工业化。在 1969 年发布的"国际海洋十年探索[1]"计划中，海洋学家们明确表示，他们的职责是获得更多关于海洋和海洋生物的知识，"以便更高效地利用海洋及其资源"。《基督科学箴言报》[2] 的科学编辑罗伯特·科文[3] 在几年前就已经把海洋探索说得栩栩如生了："海洋就像一个装满财富的抽奖袋，人类现在只从中获得了少量能轻易取得的几包小奖品，而且大多是靠盲目摸索而得……对海洋科学知识的增加，能有助于人类系统开发海洋奖品袋里的资源。这是海洋学发展的其中一个光明前景。"

为了获取海洋的丰富资源，海洋科学家忙着构想新的方法，能让未来的渔民捕获更多的鱼。他们或许能用新技术从空中定位

1　国际海洋十年探索（International Decade of Ocean Exploration），隶属于联合国教科文组织的政府合作海洋学委员会（Intergovernmental Oceanographic Commission of UNESCO）。该组织旨在增加人类对海洋及其资源的了解，并以和平目的增加对海洋的探索与资源利用。

2　《基督科学箴言报》（Christian Science Monitor），俗称《箴言报》（The Monitor）是非营利性的新闻组织，每天以电子格式发表文章，并每周出版一期印刷版。该报成立于1908 年，至今已获得 7 次普利策奖（Pulitzer Prizes），以及十几次海外新闻俱乐部奖（Overseas Press Club Awards）。

3　罗伯特·科文（Robert Cowen, ?—?），美国科学作家、编辑。2001 年获美国地球物理学会（American Geophysical Union）持续贡献奖。

鱼的位置，或者用电击击晕它们，又或者用电场吸引或驱逐它们。1960 年，英国牛津大学的海洋学家阿利斯特·哈代[1] 爵士提出了海底拖网的改良建议。海底拖网捕鱼是指在海底拖动渔网捕鱼，但是没有明确的捕捉目标。人们可以把渔网改为挂在两个潜艇牵引器之间，然后由蛙人驾驶。哈代承认，这种做法可能需要一个世纪的时间才能普及，但是说不定哪家公司能在 1984 年就开始采用这种做法，然后获得巨大收益。渔民们还可以捕获以前从未见过的海洋生物物种。哈代相信人类现在就可以用海洋里大量的磷虾作为食物供应，因为曾经海里生活着数量巨大的鲸鱼，它们就是以磷虾为食。他曾问道："难道我们不能用磷虾来拯救世界上挨饿的儿童吗？我相信我们会做到的。"

海洋科学家经过计算得出，如果采取更高效的养殖手段，海洋可以生产出更多食物。苏联著名的海洋生物学家在 1957 年曾说过："若仅靠捕捞鱼类、捕杀鲸鱼，以及抓捕那些娇小的无脊椎动物，比如龙虾和生蚝等，是远远不够的。为了人类的利益，我们必须把所有的海洋动物都调用起来。"未来的养殖技术很可能包括在保护区内养育鱼苗，然后再放归大海。人们或许也能把鱼群从过度拥挤的区域迁移到利用率较低的区域，还可以利用浮游植物给海洋施肥，然后像养牛一样在近海的水下围栏里养鱼，甚至以放牧的方式养鲸鱼。植物也将发挥为人类服务的作用。紫菜在亚洲已经被用作食物了，但在欧洲还只是被用作动物饲料。美

---

[1] 阿利斯特·哈代（Alister Hardy, 1896—1985），英国海洋生物学家，研究从浮游生物到鲸类的海洋生态系统专家。

国俄亥俄州立大学的一位植物学家正在做实验,培养富含蛋白质的真菌。这些真菌可以在海底的巨大烧瓶中生长。20世纪60年代,诸如《海洋养殖》(*Farming the Sea*)、《海藻与人类》(*Algae and Man*)和《以海洋对抗饥饿》(*The Sea Against Hunger*)等书籍相继出版,与此同时,兰德公司预测,到世纪之交时,海洋养殖将能够生产世界20%的食物。

很多科学界人士期望海洋不仅提供食物,还提供资源。雅各·罗森和马克斯·伊斯特曼声称,海水中含有的有价值矿物含量比世界上所有陆地矿藏的总含量还要多。他们解释道:"一吨海水中含1.15千克镁,这意味着在五大洋中,就有1 800兆吨镁。在这么大的数字面前,还出现镁短缺是不可想象的。"但是,因为这些矿物质是以极微小的浓度悬浮在海水中,所以关键是要找到一种经济的方法提取它们,而西方国家已经在致力于解决这个问题。自"二战"以来,美国得克萨斯州的一家化工厂一直从墨西哥湾的海水中提炼金属镁,荷兰与挪威合资的一家工厂也从北海海水中提取钾元素,用于人造肥料。罗森和伊斯特曼曾写道:"海水确实像格林姆斯童话中的魔法桌一样,总是能在主人的一声令下后就摆满食物。我们只要找出如何从桌子上取走食物的方法就可以了。"其他学者则期待着能实现从海底提炼石油,以及能通过海水淡化工厂把海水转化成饮用水。隐藏在海水中或海洋下的资源似乎是无穷无尽的。

海洋似乎也被人类认为是下一个可殖民的疆域。阿利斯特·哈代在1960年预言道:"在未来,相当大比例的人口将成为水下技师,负责在大陆架耕种并管理养殖鱼类。"同年,发明家和海底生存专家爱德华·林克[1]预言，到 1984 年，人类将建造出水下酒店，可供人潜水度假使用。《水下城市》（*The Underwater City*）、《海底城市》（*City Beneath the Sea*）、《尼摩船长与海底城市》（*Captain Nemo and the Underwater City*），这些电影给观众带去了在浪花下生活的细致图景。与此同时，科学家们也开始研发真正的水下栖息地。雅克·库斯托[2]在马赛[3]海岸附近建立的"大陆架一号[4]"基站，以及美国海军在百慕大海岸附近建造的"海底实验室一号[5]"，都为日后水下生存的技术改进奠定了基础，而这些技术也是实现水下生活必不可少的。没过多久，艾萨克·阿西莫夫就预言，人类将在 2014 年顺利实现海底大陆架殖民。

人们发现外太空似乎比海洋拥有更多潜力可供扩张。在"二战"之前，太空飞行一直局限在未来主义小说的故事里，科学家和普罗大众对现实世界中人类离开地球的可能性也不太重视。德

1　爱德华·林克（Edward Link, 1904—1981），美国发明家、企业家，也是航空、水下考古和潜水器技术的先驱。他毕生获得超过 27 项航空、导航和海洋学设备的专利。

2　雅克·库斯托（Jacques Cousteau, 1910—1997），法国海军军官、探险家、环保主义者、电影制片人、科学家、摄影师、作家，海洋和水生生命研究员。他和埃米尔·加尼昂（Émile Gagnan）共同研发了水肺，开创了海洋保护的先河。他也是法兰西学院的成员。他著有《寂静的世界：海底探索与冒险记》（*The Silent World: A Story of Undersea Discovery and Adventure*），而后他改编的同名纪录片获得了 1956 年戛纳电影节金棕榈奖。

3　马赛（Marseille），法国东南部海滨城市。

4　大陆架一号（Conshelf Ⅰ），由雅克·库斯托于 1962 年在马赛海岸附近的海底大陆架上建立的水下基站。该项目旨在创造一个可以在海底生活和工作的环境。1964 年，他在红海海底又规划建设了大陆架二号（Conshelf Ⅱ）水下基站。

5　海底实验室一号（Sealab Ⅰ），是美国海军在 20 世纪 60 年代研发的实验性水下栖息地，以证明饱和潜水与人类长期处于隔离状态下生活的可行性。从海底实验室的考察中获得的知识，有助于推动深海潜水与救援科学的发展，也有助于了解人类在海底所能承受的心理和生理压力的极限。

国、苏联和美国都是早期火箭技术研发的先驱，而且也的确取得了重大进步。它们研发火箭技术都是受到了儒勒·凡尔纳故事的影响。一些自称为火箭或星际旅行协会的业余研发团体，在欧洲、美洲和日本也自行实施了实验性的火箭发射。但是，上述种种努力都只是刚刚触及航天科学领域的大门而已。甚至直到 1949 年，即使像巴克·罗杰斯[1]这种虚构人物能让太空探索的理念在美国为人熟知，盖洛普[2]民意调查依旧显示，只有 15% 的美国人相信人类能在 2000 年之前实现登陆月球。

当火箭技术出现令人意外的技术飞跃，加之"冷战"时技术竞争的磨砺，才使得太空真正成为科技发展的一个领域。在"二战"结束时，美国和苏联缴获了先进的德国火箭和制造设施，也吸纳了许多开发这些火箭的科学家。这些都帮助美苏两国启动了自己的航天计划。转瞬之间，太空探索的支持者就开始利用这种火箭技术的潜力，开始梦想未来在太空旅行的样子。西方当时一些最顶尖的科学家、科学作家和太空艺术家，协作出版了几本获奖书籍，还在当时的主要杂志上发表了文章，甚至连华特·迪士尼都制作了一系列与太空相关的电视节目。短时间内，一种宇宙未来主义文化以惊人的速度在西方国家和苏联发展起来，并向民众传递了

---

1 巴克·罗杰斯（Buck Rogers）科幻故事中的一个冒险英雄，首次出现于菲利普·弗朗西斯·诺兰（Philip Francis Nowlan）在 1929 年美国日报刊载的连环画故事中。此后，该英雄人物形象多次出现于连环画、广播、电视和电影中。他的形象的出现，代表太空探索逐步进入了大众媒体中。

2 盖洛普（Gallup），一家以调查为主要业务的全球咨询管理公司，成立于 1935 年。该公司以其在世界各国所做的民意调查而闻名，并与世界各地的政府或组织保持长期的合作关系。

大陆架二号是一个真实的"海底村庄",垂直立于红海海底,1964年由雅克·库斯托领导规划建设。这幅由皮埃尔·米昂[1]创作的海底乡村画包括(从左上角开始顺时针方向看)五名船员的住所、碟形潜艇库、深潜舱和潜水碟

资料来源:美国国家地理学会

---

1 皮埃尔·米昂(Pierre Mion.,1931—),美国插画师、自然历史题材画家。

一个信息：人类将在太空中明确知晓自身命运的发展方向。早在 1951 年，亚瑟·查理斯·克拉克就宣称太空旅行必定会发生。到 1964 年，泛美世界航空 [1] 就制作了一份飞往月球的候选名单。该名单最终增长到涵盖全球各地 93 000 多人。

太空探索的支持者还促使大批民众对太空产生了期待，希望通过太空殖民来缓解地球人口过剩问题。亚瑟·拉德博在 1959 年出版了一本漫画，题为《比我们想得更近》。漫画中的人类期待着"五月花号 [2]"来拯救这个拥挤的世界。作者声称："如果有一天地球变得人口过剩，移民到外太空可能成为一种很常见的事。成群结队的殖民者可能会在遥远的星球上定居，他们可以乘坐尺寸大得难以置信的火箭，以闪电般的速度从地球出发去往殖民地。"书中附带的插图显示出，移民们正耐心地排队等候登上停靠在地球的巨型太空飞船。《太空迷航》（*Lost in Space*）于 1965 年播出，这类电视节目也强化了人们为逃离人口过剩的地球，而全家愉快地殖民外星的愿景。除克拉克、生态学家加勒特·哈丁 [3] 和美国工

1　泛美世界航空（Pan American World Airways），通常称为泛美航空，曾是美国最大最主要的国际航空承运人和美国非官方的海外承运公司。它是第一家开通全球航线的航空公司，并开创了现代航空业的许多创新，如喷气式飞机、巨型喷气机和计算机预订系统。成立于 1927 年，并于 1991 年停止运营。

2　五月花号（Mayflowers），原指 1620 年从英国普利茅斯港（Plymouth）出发，搭载 102 名清教徒前往美洲马萨诸塞州科德角（Cape Cod）的木船。其成员在船上制定了闻名遐迩的《五月花号公约》（*Mayflower Compact*），并创建了英属殖民地。五月花号登陆后与美洲原住民一起庆祝了殖民地的第一个秋收，后变成现在的感恩节。此处借五月花号，比喻人类也会开始太空旅行然后建立自己的殖民地。

3　加勒特·哈丁（Garrett Hardin, 1915—2003），美国生态学家。他毕生专注研究人口过剩的问题，并于 1968 年在《科学》（*Science*）期刊发表著名文章《公众的悲剧》（*The Tragedy of the Commons*）。

程师丹德里奇·科尔[1]等一小群人之外，很少有人愿意承认因为人口增长速度过快，所以殖民外星是一个完全不现实的解决方案。但是，至少克拉克看到了一线希望，能实现这种过度乐观的太空殖民愿景：这种乐观是有助于在外太空开启人类新未来的，"即使最后只有不超过百万分之一的人能抵达太空"。

科学家们通过构想如何对其他行星实施地球化改造，又进一步强化了太空移民的理念。20世纪60年代初，俄罗斯科学家提出一个理念，可以通过从月球岩石中制造氧气，并且在关键地点爆破氢弹，借此提高月球的旋转速度，使月球更像地球。与此同时，美国天文学家卡尔·萨根则把目光转向了金星。因为金星大气层中含有大量二氧化碳，导致产生温室效应，所以金星表面的温度极高。声誉极高的《科学》期刊，在1961年发表了一篇萨根的文章。萨根在文中建议，可以在金星的高层大气中种植蓝藻。他希望这些藻类能吸收金星表面大量的二氧化碳，从而充分冷却金星。然后，水就能以液体形式存在于金星地表，而且藻类还能进行光合作用。如果成功的话，这个过程给在金星建立一个新生态系统打下了基础。萨根总结说：届时，科学家就可以决定"是派一个古植物学家、矿物学家、石油地质学家，还是派一个深海潜水员"去金星了。

美国加州理工学院的著名天体物理学家弗里茨·兹威基[2]萌生

1　丹德里奇·科尔（Dandridge Cole, 1921—1965），美国航空航天工程师、未来主义者、作家。

2　弗里茨·兹威基（Fritz Zwicky, 1898—1974），瑞士天文学家。他毕生在美国加州理工学院工作，在天文学理论和观测研究上做出了许多重要贡献。同时，他还是第一个使用位力定理（Virial Theorem）推测暗物质存在的人。

这幅由亚瑟·拉德博创作的图画描绘了巨型机器在火星表面为寻找铁矿研磨土石。这幅画首次出现在 1954 年的机械零件广告中

出一种非常极端的将行星做地球化改造的想法。兹威基预言，人类有一天会重建太阳系，以便给自己提供更多的生活空间。通过核爆炸，工程师可以把水星和金星等较小的行星推向更适合做地球化改造的轨道，而火星可以临时改变它的公转路径，让火星靠近另一颗行星以吸取其表面的部分大气，然后再把火星移回到原本的公转轨道上。如果要设法减少木星极大的引力，需要用岩石熔化机和核爆炸削减木星的质量，然后工程师可以利用该过程产生的碎片建造木星的月亮。如果现有的核动力不足以完成这项任

务，兹威基相信人类实现核聚变的日子已为期不远。一旦实现核聚变，就肯定能完成这项任务。

在支持太空发展的学者中，丹德里奇·科尔是与众不同的一个。因为人们不承认自然存在资源极限，所以他也不赞成给其他行星做地球化改造。他认为，人口压力和日益加剧的资源消耗，将最终迫使地球文明变成一个资源内循环的社会。人们身处这种内循环社会中，会设法节约并回收所有物质资源，但也可能需要一些额外的能源供应来维持社会运转。他表示，因为人们已经接近地球环境资源极限了，所以同样的能源危机问题也会在完成地球化改造的行星上出现。因此，在其他行星上建立的新社会，也许最好能从一开始就规划成资源内循环的环境循环系统。比如，如果人类移民月球，科尔建议应该建造穹顶、洞穴，或者给月球环形山顶加盖防护罩，在建筑物内部要建立资源内循环系统，以及能实现自给自足的居住单元，然后安排固定数量的居民居住其中。每个居住单元届时只生产日常生活所需品，并回收一切物质。就像伊比尼泽·霍华德的田园城市一样，人们会根据需求增加新的居住单元。不过，科尔还是认为，到时月球的大部分地区依然会处于和目前一样的环境状态。

人类向太空的扩张，也意味着以后可以采集银河系尚未开发的资源，并将其带回地球。在漫画《比我们想得更近》里面，有另一则小故事名为《月球采矿》（Mining the Moon）。拉德博告诉数百万读者："我们地球人正在迅速消耗大量物质元素"，而月球环境"很可能就是资源供应的替代途径"。他的插图展示了，一台巨型机器正在月球表面挖掘一个深不见底的矿井。包括爱德华·泰勒在内的众多杰出科学家，都期待着把银河系的资源财富，从月球、近地行星和小行星运回地球。这样的梦想并不是第一次出现，但过去一直都仅限于未来主义小说中。现在，科学界的许多学者实际上都无比期待外星球资源能够尽快成为地球的资源补给站。亚瑟·查理斯·克拉克预测，太空采矿将在 2030 年成为现实。

克拉克的乐观绝非个例。火箭技术正以惊人的速度发展，从第一枚弹道导弹的使用，到能够把卫星送入轨道的火箭，这一阶段的技术进步只用了大约 15 年时间。民众从这类科技进步的速度推断出，不久的将来人类就可以实现太空探索。韦恩赫尔·冯·布劳恩[1] 在设计德国的 V-2 火箭[2]，以及设计美国太空计划的火箭项目中，都发挥了关键作用。他认为，到 1985 年，航天飞行器将可以实现地月往返，从月球的永久基地接送宇航员。兰德公司的一项研究认为，宇航员以后能从月球的矿藏中制造火箭推进剂，并在 2000 年实现火星登陆。通用动力公司[3] 航空航天部的负责人预计，到 2063 年人类将实现火星殖民。克拉克则预测，到 21 世纪末人

---

1 韦恩赫尔·冯·布劳恩（Wernher von Braun, 1912—1977），德裔美国火箭专家，20 世纪航天事业的先驱之一。他曾是纳粹德国时期著名 V-2 火箭的总设计师。"二战"结束后，他移居美国并担任 NASA 空间研究开发项目的主设计师。他最大的成就是在担任 NASA 马歇尔空间飞行中心总指挥时，主持土星五号（Saturn V）的研发，并带领团队在 1969 年 7 月首次实现人类登陆月球的壮举。

2 V-2 火箭（V-2 Rockets），指纳粹德国在第二次世界大战中研制的一种远程弹道导弹，也是世界上最早投入实战使用的弹道导弹，其目的在于从欧洲大陆直接精准打击英国境内目标。1944 年 6 月 20 日，德军 V-2 火箭试射（编号 MW 18014），并成功穿越卡门线（Kármán line）进入外太空，因此成为人类历史上第一个飞行至太空的人造物体，是世界上第一个航天飞行器。

3 通用动力公司（General Dynamics），是一家大型美国国防企业，成立于 1952 年。

类将实现星际飞行。1969 年 7 月，阿波罗十一号 [1] 成功登月。对许多人来说，这证明人类的星际旅行已经开始。

大部分人对太空旅行的热情，体现的是人类内在的一种信念。这种信念认为，人类扩张是自然而生且必然产生的，所以人类总是需要寻找新的地理疆域。克拉克就坚定地支持这种理念。他曾写道："在人类漫长的历史中，不论是在陆地还是海洋区域，我们这一代人是第一个没有发现任何新疆域的时代，所以我们的社会产生了很多问题。"克拉克承认，地球上仍有尚未开发的区域，特别是海洋范围里。但是，他认为地球很快就没有新区域能让人们忙着开疆拓土了。他表示，这其实会产生一系列问题，因为人类需要新疆域作为新的资源供应，以及新的生活空间。人类也需要通过这种方式满足精神需求，比如追求冒险和新奇事物的欲望。追求无尽的扩张只是人类天性的一部分，这就使得太空旅行变得不可或缺。克拉克写道："发现通向星星之路的时间点是恰到好处的。因为如果没有新的疆域，文明就无法存在。"

两种明日未来

虽然人们对海洋和外太空的扩张抱有踌躇满志的态度，但是人们也开始担心增长可能对环境造成的影响。因此，"二战"后不

---

1 阿波罗十一号（Apollo 11），人类首次登陆月球的载人航天飞船。指挥官尼尔·阿姆斯特朗（Neil Alden Armstrong）与登月舱驾驶员巴兹·奥尔德林（Buzz Aldrin）组成的美国登月组于 1969 年 7 月 20 日 20 点 17 分乘"鹰号"（Eagle）登月舱在月球表面着陆。阿姆斯特朗在 1969 年 7 月 21 日 2 点 56 分成为第一个登陆月球的人。

久，人们的未来愿景就由这两种相互矛盾的感受交织而成。早在1954 年，哈里森·布朗就曾分析"马尔萨斯主义者"和"技术专家"的区别。马尔萨斯主义者警告说，人口的加速增长、资源消耗和滥用土地将给人类带来灾难。但是，技术专家则指出，人类历史上出现过很多令人惊叹的技术，这就足以证明未来会产生更多令人赞叹不已的技术飞跃。所以，技术专家期待着人类能继续向地球上人口更稀少的区域扩张。布朗发现两种不同的愿景都蕴含着合理之处，但他并没有试图简单地将二者混为一谈或融为一体。布朗必然是意识到二者所讲述的未来故事存在着巨大的差异，因为这些故事背后所依据的未来构想也是相互矛盾的。

当时人们经常把这两种愿景之间的差异归纳为"是否抱有乐观主义"的问题。这些相互矛盾的叙事故事，背后真正的理念基础是什么？如果用"是否抱有乐观主义"的方式简单归纳，其实是只知其表而未知其里，但是也能给学者提供一些信息以供对比与讨论。比如美国动物学家马斯顿·贝茨[1]在 1963 年就曾分析：乐观主义者期望科技进步能解决未来的各种问题，而悲观主义者则担心以人类的聪明才智可能难以胜任。那些期待着永远进步与增长的人，就很乐意被贴上乐观主义者的标签，而且他们认为这种态度完全是公正合理的。维克多·科恩见过很多非常乐观的科学家，

1　马斯顿·贝茨（Marston Bates, 1906—1974），美国动物学家。他对蚊子的研究为南美洲北部黄热病的流行病学做出了重要贡献。

他们都"相信科学就是丰裕之角[1]，相信牛角篮中会源源不断地流淌出富足的资源"。然而，科恩表示，他们的乐观并不是建立在盲目的信仰上，而是建立在"现在可以做什么，以及在合理的收益下应该怎么做的"两种认知基础上。对科恩来说，这种乐观主义是一种基于证据和理性的态度。

然而，对那些担心增长带来不良后果的人来说，这种乐观主义太简单粗暴且不切实际，所以他们觉得这种乐观主义更像是人类的狂妄自大。著名的奥地利未来主义者罗伯特·容克[2]专门以美国为例，他说美国对自然界特别缺乏谦卑的态度。他在1952年写道："占着上帝的位置，做事周而复始，根据人类自以为是的理性、预测和效率法则，然后重新创造和架构一个人造的宇宙：这就是美国的终极目标……这种理念摧毁了所有原始的物质，以及所有大量无序生长的生物体，也摧毁了通过坚持不懈地变异而进化出来的生物。凡是他们无法观察和测量的物质，就要设法间接地控制驯服。他们说的话让人难以启齿，又不知敬畏。"但是，科恩发现他很难理解容克的立场。科恩形容他认识的科学家都是"敏感又负责任的，而且一般对自己手中所掌握的权力也保持低调谦逊的态度。即便外行人从表面看，或许会觉得这些科学家好像表现出某种很自信的样子"。

---

1 丰裕之角（Cornucopia），通常指一个角状的大型食物容器，里面盛满了农产品、鲜花或者坚果。在文学艺术领域，它代表着物质富足和营养丰富。在西亚和欧洲地区，这种形式的篮子或背篓传统上被用来盛放和携带新收获的食品。牛角形的篮子可以背在背上或斜挎在身上，让收割者的双手自由采摘。
2 罗伯特·容克（Robert Jungk, 1913—1994），奥地利作家、记者、历史学家、评论家、主要撰写与核武器问题相关的文章。

另一些人则担心，进步与增长背后所秉持的坚定不移的乐观主义，正以扭曲历史本质的方式误导其支持者。1959 年，美国经济学家罗伯特·海尔伦纳[1] 把这种乐观主义称为"乐观主义哲学"。他认为那些支持"乐观主义哲学"的人，都没有意识到他们的理念只是一个特定历史时期的产物。这些支持者认为乐观主义是社会共有的原则，而且这种原则适用于任何一个历史时期。乐观主义哲学的支持者还认为人类是历史的主要推动者，因此如果人类没有为推动历史做好准备，那这段时期就不能算是人类历史的一部分。最后，他们还对未来做了一个错误的假定。这些支持者认为技术进步是历史发展的动力，它在任何时期对社会的推动作用都不会改变。即使社会背景发生了根本性的变化，技术进步对未来产生的推动作用也不会发生改变。海尔伦纳并不反对乐观主义的行为。但是，他明确反对那些忽视历史背景，以及曲解历史因果关系的乐观主义。他认为，人们应该用一种更严谨的态度，看待历史上的乐观主义。这样更符合实际，也不容易误导民众。

虽然 19 世纪田园乌托邦的吸引力经久不衰，在印度莫罕达斯·甘地[2] 主张的教义中尤为如此，而这一时期也没有出现第三种未来愿景，来抨击发展型和灾难型的叙事故事。在甘地职业生涯

---

1 罗伯特·海尔伦纳（Robert Heilbroner, 1919—2005），美国经济学家和经济思想史学家。他毕生著有约 20 本书，其中最著名的是《世间哲学家：伟大经济思想家的生活、时代与理念》（*The Worldly Philosophers: The Lives, Times and Ideas of the Great Economic Thinkers*）。

2 莫罕达斯·甘地（Mohandas Gandhi, 1869—1948），又称"圣雄"甘地，印度律师、反殖民主义民族主义者、政治伦理学家。他采用非暴力抵抗方式，成功领导了印度摆脱英国统治的独立运动，并且激励了全世界的民权与自由运动。

的早期，他就批评了工业社会不断竞争和贪得无厌的价值观，以及人类为此付出的沉重的环境代价。所以甘地建议他的同胞，为了印度的未来，要抵制这样的价值观。他写道："上帝禁止印度以西方的方式发展工业化。如果一个拥有 3 亿人口的国家也对地球进行类似的经济榨取，人们就会像蝗虫一样把这个世界扒个精光。"甘地深受约翰·罗斯金思想的影响，他希望改变印度传统的乡村文化。对于一个以传统农业、畜牧业技术和编织等手工业为基础的农业国家，甘地提出了一个非常详细的未来发展构想。当甘地在 20 世纪上半叶潜心写作时，以那时候的社会背景，想象印度走田园乌托邦的发展道路尚有可能。

相比之下，在已经实现城市化和工业化的西方社会，那些担心增长会导致长期恶劣影响的人，对第三条切实可行的发展道路的样子（除了发展与毁灭之外的第三条路），通常只是勾画了一个模糊的轮廓而已。哈里森·布朗希望为全世界提供足够的食物、衣服和住房。除了物质需求之外，他还关注人类的精神需求。布朗希望看到，人们能"与我们的自然环境重新建立一个基本的良性交互模式，同时要适应新交互模式提供的生活方式，要鼓励深度思考，以及对真理与知识的持续探索。布朗珍惜那些饱受人类扩张摧残的事物：绿草、菜园、壁炉、风景如画的山顶，以及布满各种生物的原始森林。他写道："可以肯定的是，这些事物根本没有'实用价值'，也似乎与人类迫切需求的食物和生活空间无关。但是，它们对保护人类的人文主义至关重要，就像食物对维持人的生命必不可少一样。"布朗的反思，其实为另一种未来社会的发展提供了一线希望。这种新的未来注重的是万事万物存在的意义，而不是以实现增长为目的。但是，从上述学者意见能看出，他们并不指望这种新未来愿景，能与发展型和灾难型的未来愿景相抗衡。毕竟这两个未来愿景在民众意识中还是占主导地位，表达也更完整明晰。

到 20 世纪 60 年代，在大众对未来的想象中，发展型和灾难型的明日未来比肩而立。那些认真审视未来发展的学者，也经常在二者之间左右摇摆。甚至当 1964—1965 年纽约世界博览会展示的普罗米修斯式奇迹令世人沉浸其中难以自拔时，学者也依然对两种未来举棋不定。美国总统林登·约翰逊[1]在世博会发表了一个演讲，展望了未来的科技奇迹，并同时表达了对城市拥挤和资源减少的担忧。艾萨克·阿西莫夫在排队等候进入技术乌托邦的"未来世界"展览时，他警觉地看着隔壁展馆上挂着的让人"肃穆"的电子标志。该标志用约 1.8 米高的数字记录着美国目前的人口数量，每 11 秒就增加一个人口。约翰逊总统和阿西莫夫对未来环境的认知，都带有既期待又担忧的矛盾感，而这种矛盾感已经开始困扰西方社会。

世界其他地方也必须努力协调适应这种新未来愿景，因为灾难型叙事故事正在不断蔓延，其势头就像之前的发展型叙事故事一样。进步与增长的愿景仍然在全球范围内保持着一定影响力：中国人直接从美国科学杂志的封面上撕下飞行汽车的图片，然后留为己用；牙买加的报纸也报道了人工合成食品的巨大发展潜力；苏联的未来主义小说，还是像西方在第一次世界大战前那样一路

1　林登·约翰逊（Lyndon Johnson, 1908—1973），美国政治家，1963—1969 年曾任美国总统。

高歌。但是，任何具有西方式发展雄心的国家，最终都会发现自己预见到增长将引发环境浩劫。因为所有人都早已成为全球文明的一部分，大家都在一个不断缩小的星球上，全心全意地进行着无情的扩张。

· 第五章 ·

悲剧的选择

很少有人比伟大的英国历史学家约翰·巴格内尔·伯里更理解进步的理念。确切地说，是因为伯里写了一本关于进步的书。事实上，正因为伯里对进步的概念理解得如此透彻，他在 1920 年就准确预测了进步最终将导致自取灭亡的结果。他写道："总会有一个能让世人都信服的证据可以说明人类尚能支配的时间所剩无几，而且很可能在不久之后，我们就会看到倒计时的数字。"这样的论述对民众起不到任何警醒作用。"如果有一个合理的理由能让世人相信地球到 2000 年或 2100 年时，将不再宜居，那么此时坚持'进步'的理念就没有任何意义，而且这种理念也会自动消失。"但是伯里再次向读者肯定地说：当人们追求进步的信念"超越了想象力，还会嘲笑想象力的时候"，剧烈的环境改变就不会发生。伯里说出这种观点，其实有考虑不周的地方。在他写下这些语句的 50 年之后，许多西方人开始相信，一场全球环境灾难已初露端倪。正如伯里所预言的一样，进步的理念开始受到沉重的打击，至今都没有恢复过来。

　　1970 年前后，是西方人看待未来方式的一个转折点，西方社会充满忧虑的 10 年开始了。一位记者将这段时间铭记为"沉浸在寒冷的斯宾格勒式忧虑中"的 10 年。其原因不仅是对环境产生的焦虑。美国经济学家罗伯特·海尔伦纳在 1974 年撰文指出，一系列社会事件的发生动摇了西方人追求发展的信心：快速变革的社会、经济萎靡不振、社会问题不断恶化，以及人们意识到物质财富的增长并没有增加生活的幸福感。但是，海尔伦纳又表示，这一切的背后是一个"惊人的发现"：人们意识到对环境来说，无休止的工业增长是不可持续的。科学家在工作中慢慢归纳得出这个结论，而现在他们发现，因为国际社会爆发了一场环境运动，这个问题随之被放大了。一直以来，支持增长愿景的人主要来源于科学界，但是现在科学家却在推翻当初他们共同创造的增长愿景。

当社会舆论对增长和进步带来的益处开始产生质疑时，发展型叙事故事的可信度也随之下降。然而，社会快速增长的步伐仍在继续。从 1970 年到 2020 年，世界人口和能源消耗翻了一番，全球国内生产总值也增长了 5 倍。在这段时间里，自然环境不断恶化，气候变化成为尤为棘手的问题。有一段时间，小说家在意识到环境问题的严重性以后，他们开始设法构想一个完全不同的未来，以跳出增长的社会模式。但是，生态乌托邦的光彩逐渐消退之后，几乎没有任何成果留下。相比 20 世纪 70 年代的社会背景，即使到了 2020 年，人们要设想一个没有无尽增长的未来也非常不容易。事实上，这种设想已经变得难上加难。

环保主义与关于环境极限性的辩论

20 世纪 60 年代末环境运动的兴起，标志着民众开始关注自然环境的承载极限。人们对自然极限的关注，最终超过了对增长与进步的信念。环保主义的起源有着深刻而复杂的情况：有些可以追溯到 19 世纪的浪漫主义以及 20 世纪初的保护主义；有些则是源于社会对人口过剩和资源枯竭的担忧不断加剧；还有一些起源，是因为当时人们担心污染、放射性尘埃和绿色空间的减少。无论如何，不同的人都带着各自担忧的环境问题加入这场运动。但是，对大多数人来说，所有导致民众产生危机感的事情，似乎都有一个共同的原因。《时代》[1] 杂志在 1970 年给出了答案——是"整个世界的环境出了问题"。《时代》杂志同时分析说："这些问题都归因于，人们在一个有限的星球上追求无限的增长。"在这 10 年内，西方人有一小段时间表现出对环境极限的迷恋，以及对增长保持冷静的态度。此时，社会民众对人口过剩和资源枯竭的恐惧也达到了顶点。

历史学家托马斯·罗伯逊[2]将这段时间称为"马尔萨斯时刻"，指在一段时间里，学术专家和广大民众普遍表现出对人口过剩的恐惧。1968 年，美国斯坦福大学的生物学家，也被认为是"新马尔萨斯主义者"的保罗·埃利希[3]出版了《人口炸弹》。埃利希在该书里极力呼吁控制人口，此书也是同类题材中最为人熟知的作品之一。埃利希认为，不发达国家没有完成农业技术改良，它们

1　《时代》(*Time*)，又称《时代周刊》，是始发于 1923 年的美国新闻杂志。现包括 4 个版本：美洲主版、欧洲版、亚洲版、南太平洋版。

2　托马斯·罗伯逊 (Thomas Robertson, ?—?)，美国历史学家，现任教于美国伍斯特理工学院 (Worcester Polytechnic Institute)，教授外交关系和环境史。著有《马尔萨斯时刻：全球人口增长和美国环境主义的诞生》(*Malthusian Moment: Global Population Growth and the Birth of American Environmentalism*)。

3　保罗·埃利希 (Paul Ehrlich, 1932—)，美国生物学家，美国斯坦福大学生物系人口研究荣誉教授以及斯坦福保护生物学中心的主席。他因出版《人口炸弹》(*The Population Bomb,*)，并警告人口增长和资源供应不足造成环境恶果而闻名。

的农业生产力也不足以抵御饥荒。他在书中开篇就直截了当地宣布，"养活全人类的战斗已经结束。20世纪70年代，世界将经历大饥荒。就算现在开始实施任何紧急救助计划，数以亿计的人最后还是会饿死"。埃利希的《人口炸弹》很快成为国际畅销书，他也因此闻名于世。他在当时最受欢迎的约翰尼·卡森[1]的《今夜秀》中出场20多次，多次谈论人口过剩的危险性。

他的观点对西方的未来愿景产生了极其深远的影响，甚至在类似毕业典礼这样的日常活动中都留下了相关痕迹。斯蒂芬妮·米尔斯（Stephanie Mills）1969年毕业于美国加利福尼亚州一所规模不大的大学。她当时被选为毕业生代表，并在毕业典礼上发表演讲。米尔斯当时就沉浸在埃利希等科学家的新马尔萨斯主义愿景中，她向典礼的听众宣布："此时此刻，我们作为一个种族在这个星球上的日子，已经屈指可数了"，因为"我们不断繁育后代，最后走向灭亡"。她还告知听众她决定不生孩子，因为她认为这是她能做的最人道的事。米尔斯的话当即成为全美头条新闻，大批演讲者也采用她的"彻底毁灭"作演讲主题。但是，这种情况与新兴的灾难型叙事故事不谋而合，其主题和米尔斯演讲的题目一样：《未来是一场残酷的骗局》（*The Future Is a Cruel Hoax*）。

1973年的石油危机，让社会对资源匮乏的担心也上升到了白热化程度。1973年10月，阿拉伯主导的石油企业联盟石油输出国

---

1 约翰尼·卡森（Johnny Carson, 1925—2005），美国电视节目主持人、喜剧演员、作家、制片人。他因担任《今夜秀》（*The Tonight Show*）主持人而闻名。他曾获得六次黄金档艾美奖（Primetime Emmy Awards）；1980年电视学院州长奖（Television Academy 1980 Governor's Award）；1992年被授予总统自由勋章（Presidential Medal of Freedom）。

组织[1]宣布对美国、日本、加拿大和西欧一些国家实施石油禁运，以抗议它们在赎罪日战争[2]中对以色列的支持。所有被禁运的国家都在某种程度上依赖中东石油。因为石油禁运造成短期内的汽油短缺，以及在 20 世纪 70 年代战后时间内发生的经济动荡，所以即使石油禁运不代表世界快要耗尽石油资源，但还是让未来资源匮乏的可能性加剧了。这种情况也提醒着所有工业化国家，除了核电之外，我们仍未曾发现其他更经济实用的化石燃料替代品。同年 11 月，《新闻周刊》[3]报道说，美国的资源短缺清单"似乎每天都在加长"。报道中还承认，民众的生活"由奢入简，会产生一种对未来愿景的反感"。

人类扩张会产生一个充满希望的未来愿景，太空探索通常与之有着非常紧密的联系。即使如此，太空探索也只能透过一个狭小的镜头，让人们知道地球是如此渺小、脆弱和有限。1968 年，

---

1 石油输出国组织（Organization of the Petroleum Exporting Countries, 英语缩写：OPEC），又称欧佩克，是一个由 13 个国家组成的政府间国际组织。1960 年由 5 个创始国（伊朗、伊拉克、科威特、沙特阿拉伯和委内瑞拉）在伊拉克首都巴格达成立。

2 赎罪日战争（Yom Kippur War），又称第 4 次中东战争、斋月战争。发生于 1973 年 10 月 6 日至 10 月 26 日，起源于埃及与叙利亚分别攻击 6 年前被以色列占领的西奈半岛和戈兰高地。战争伊始，埃叙联盟占了上风，但此后战况出现逆转。至第二周，叙军退出戈兰高地。在西奈半岛，以军在两军之间不断攻击，并越过原来的苏伊士运河停火线。战争直到联合国停火令生效后停止。

3 《新闻周刊》（Newsweek），成立于 1933 年，出版于纽约，并在美国和加拿大发行的新闻周刊。

没有任何一张照片比"地球日出"更能强调环境极限的真实存在，此图
是 1968 年阿波罗八号的一名宇航员在月球轨道上拍摄的一张照片

资料来源：美国国家航空航天局

阿波罗八号[1]的宇航员从月球轨道上返回，并带回有史以来第一张
从外太空拍摄的地球彩色照片。这张照片名为《地球日出》，它把

1　阿波罗八号（Apollo 8），阿波罗计划中的第二次载人飞行任务，也是人类第一次离开
　　近地轨道，并绕月球航行的太空任务。阿波罗八号同时还是土星五号火箭的第一次载
　　人发射。在 1968 年 12 月 21 日发射后，飞船在太空中航行了 3 天才到达月球，并围绕
　　月球轨道飞行了 20 小时。

地球渺小的规模清晰地展现在大众眼前。该照片也成为早期环境运动中最具影响力的图片。几年前，一些有环境保护意识的经济学家已经开始把地球称为"太空飞船地球"。肯尼斯·博尔丁将他所谓的"牛仔"经济与"太空人"经济进行了对比。他认为牛仔经济是粗放鲁莽的、具有剥削性的，也是以资源无限的假定前提为基础的。而太空人经济是指"地球已经成为一个独立的太空飞船，任何东西都不可能无限储备，所以无论是提炼物质或是污染环境都不可能永远进行下去"。阿波罗八号正是以一种意想不到的方式，从无边无际的太空望出去，似乎让人更容易看到一个星球的有限性。

但是，真正使关于环境未来的辩论更加具体化的是一项科学研究，其标题简单而有力：《增长的极限》[1]。该研究由美国麻省理工学院的一个国际研究小组执行，并于 1972 年将其研究结果出版成册。研究结果认为地球能吸收多少污染，能生产多少食物，能提供多少资源，这些都是有限的。研究人员通过使用计算机模拟实验得出了该结论。计算机在当时是一种新的研究工具。研究人员设计了各种情景，以显示在不同条件设定下，资源供应、粮食生产、工业产出、人口增长和污染水平是如何相互作用的。其结果显示，如果人类的环境管理方式不做改善，"最可能的结果将是人口和工业能力，会突然产生不可控制的下降"。该研究总结说，

---

1 《增长的极限》（*The Limits to Growth*），一份 1972 年的研究报告，通过计算机模拟研究在资源有限的情况下经济和人口的指数增长情况。该研究使用 World3 计算机模型来模拟地球环境和人类行为之间相互作用的后果。

只有及时控制人口数量并尽快让世界处于稳态经济[1]的情况下，才能防止全世界的崩溃。

我们很难估计《增长的极限》给舆论讨论未来环境发展造成了多大的影响。但是，该书已卖出了几千万册，也被翻译成几十种语言。用一位记者的话说，此书是"有史以来第一个由计算机编写的世界末日愿景"。这本书也把那些支持永远增长的人推向了防守的位置。这也许是他们第一次发现，自己要被迫阐明和捍卫一个主导了西方几代人的观点（也是西方社会约定俗成的观点），即未来是以增长为导向的。这并不代表这本书的结论已经被社会广泛接受。有些人赞扬《增长的极限》，而另一些人则对其言论提出斥责。但是，这项研究的结论已经成为环境问题辩论的核心之一。即使到了今天，从多方面看该研究在环境问题辩论中的核心地位依然不变。

前兰德公司职员、核战略军事家赫尔曼·卡恩[2]也对《增长的极限》提出了最直白严苛的批评。他以一种截然相反的环境愿景驳斥了该书的研究结果。他在 1976 年出版的书中提出：200 年后，世界上的人类会变得"数量庞大、无比富有，而且控制着大自然

1　稳态经济（Steady-State Economy），指由恒定的物质财富（或资本）存量和恒定的人口规模组成的经济结构。这种经济模式，实际上在任何时间都不会产生增长。

2　赫尔曼·卡恩（Herman Kahn, 1922—1983），哈德逊研究所（Hudson Institute）的创始人，也是 20 世纪后期杰出的未来主义者之一。他最初受雇于兰德公司（RAND Corporation）时，作为一名军事战略家和系统理论家而崭露头角。他因分析核战争的可能后果，以及提出提高人类生存能力的建议而闻名，这使他成为斯坦利·库布里克（Stanley Kubrick）的经典黑色喜剧电影《奇爱博士》（Dr. Strangelove）中人物形象的灵感来源之一。

的力量"。卡恩承认当下环境问题的现实情况，但是与很多支持增长的人不同，卡恩预计在未来几代人的时间里，增长会随着需求的减少而逐渐降至零增长。但是卡恩坚持认为，在增长下降期间，依靠技术革新与合理的投资协同配合，人们可以改善或消除"几乎所有已知的环境污染或危害"。到 20 世纪 90 年代，人们实现核聚变能源商业化后，就能解决能源问题。人们对即将发生的"二氧化碳浩劫"而不断增加的忧虑，到时就能被证明是杞人忧天了。对卡恩来说，让每个人都如此担心的环境问题，只是大家走在通向繁荣的道路上时，一个过渡时期的产物而已。

著名的未来学家哈里森·布朗不同意卡恩的看法。布朗对 20 多年前他在《人类未来的挑战》中表达的观点做了进一步反思。布朗发现他当时所做的最消极的未来环境预测，竟然"出乎意料又令人沮丧地准确"。他没有指责卡恩所持的技术乐观主义态度，还同意卡恩说的人类有能力研发新技术以缓解能源、资源与食物短缺。然而，研发部署这些技术必然会给社会、政治和经济带来巨大的挑战。布朗担心的是，人类社会终将无法应对这些问题。他还认为，环境极限是真实存在的，因此人类最终必定要停止追求增长。他写道："我们可能会和自己争辩，这些极限到底在哪里。但是，我们必须认识到，无论是人口数量还是社会的富裕程度，都不可能永远保持增长。除非我们自己有意停止增长，否则大自然将替我们停止增长。"布朗认为，人类社会应该逐步过渡到一个全球人口保持稳定，且人均能源与资源的使用也保持稳定的社会。

为了缓解大众对未来环境浩劫的担忧，当时的美国总统吉米·卡特[1]是第一个下令将政府的全部资源投入对环境未来的谨慎规划中的西方领导人。一项研究根据当时的环境情况，预测了到20世纪末的环境发展趋势，有14个政府机构都为该研究做出了贡献。1980年发行的《全球2000年总统报告》[2]预测了一个岌岌可危的明日未来。人类及社会工业经济的持续扩张，将会给食物、水和能源供应带来巨大压力。人类社会的扩张也会毁坏大量森林，使得农业土壤枯竭，物种灭绝率增加，并使大气层中的二氧化碳趋于饱和，世界气候很可能因此而改变。报告的作者总结说："如果以目前的趋势发展下去，到2000年，世界将比当前生活的环境更加拥挤，污染更加严重，生态系统更加不稳定，地球环境也更加脆弱不堪。"该报告预测的内容被世界各地媒体广泛报道，也鼓励了欧洲学者进行类似的研究，其影响深入人心。

丰饶主义者很快就出来反驳这一观点。1984年，卡恩和经济学家朱利安·西蒙[3]合作编辑了《资源丰富的地球》（*The Resourceful Earth*）。他们以这套书作为对《全球2000年总统报告》的反驳。西蒙在概括该书的研究结果时，解释说：《全球2000年总统报告》在"具体的研究推论和研究的整体结论上是完全错误

1　吉米·卡特（Jimmy Carter, 1924— ），1977年到1981年任美国第39届总统。2002年获得诺贝尔和平奖。

2　《全球2000年总统报告》（*The Global 2000 Report to the President*），1980年由吉米·卡特总统委托编写的政府报告。报告警告说，如果不改变当下的政府公共政策，到2000年世界人口增长将造成极其严重的后果。该报告由物理学家杰拉尔德·奥·巴尼（Gerald O. Barney）担任研究的主要负责人。

3　朱利安·西蒙（Julian Simon, 1932—1998），美国马里兰大学（University of Maryland）的工商管理教授，卡托研究所（Cato Institute）的高级研究员。此前他也曾长期担任伊利诺伊大学香槟分校（University of Illinois at Urbana-Champaign）的经济和商业教授。

的"。《资源丰富的地球》一书中，由 24 位学者编写的章节内容，也都支持了西蒙的说法，而且几乎一半的编写者都是经济学家或者在相关领域工作的专业人士。这一事反映了学者对自然界的独特态度：当时的经济学家倾向于认为经济是独立于环境的，因此对环境极限的担忧，相对来说就不太重要。与之相反的是，生态学家认为经济是环境内的一个子系统，环境中的限制条件显然可以决定一个物种是走向繁盛还是逐步减少。经济学家在研究中建立的各种环境构想，都对西蒙的见解起了推助作用。西蒙认为：环境问题实际上正在变得更好，而不是更糟，而且未来给人类造成的困扰也会越来越少。

西蒙成为最知名的支持人类无限扩张的理论专家之一。1981年，他在《终极资源》（*The Ultimate Resource*）一书中，就阐述了他对人类扩张的见解。西蒙认为，价格上涨会鼓励科技创新，而这些创新将有助于提高短缺资源的产量，或者研发出其他替代品，所以资源只会在短期内存在极限。根据西蒙的看法，人类几个世纪以来正是以这种方式，克服了一个又一个资源短缺的危机。他总结说："'有限'这个词，用在资源上是毫无意义的"，特别是因为人类文明总是可以求助于"最终的资源"：人类巨大的创造力。西蒙表示，正因为人类拥有这种无限创造力，所以应该允许人口数量不断增加。更多的人就意味着可以研究出更多具有创造性的解决方案，解决短期的资源短缺问题，因此从长远来看就能发现更多的资源。西蒙的书给发展型叙述故事提供了一个理论基础。根据这一理论，发展型叙事故事在创作时，不需要考虑地球资源的实际储量，所以故事里的地球资源也就不存在极限问题。

西蒙的理论认为，因为人类的聪明才智是无限的，所以资源也是无限的。

1980 年，西蒙试图通过与保罗·埃利希就未来原材料价格公开打赌，来结束这场环境问题的辩论。若原材料价格上涨就证明埃利希的看法是正确的，即人口数量过多会迫使资源变得稀缺。反之，价格下跌则支持西蒙的看法，即资源正变得更加丰富。埃利希接受了这次打赌，他们选择在 10 年内追踪铜、铬、镍、锡和钨的价格。然而，1990 年即将到来的时候，这 5 种材料的成本价格竟然都下降了。最后，埃利希输得一塌糊涂。支持增长的人为这场胜利大肆庆祝，但是当时若选择别的资源或以不同的时间段来考察，埃利希反而才是赢家。最后，这场广为人知的赌局并没有解决任何环境问题。

随着西方经济从 20 世纪 70 年代的财政危机中逐渐恢复，最初的环保主义热潮也慢慢消退。许多政府基本上放弃了对增长可能存在限制性的担忧，尤其是美国。西蒙的思想在美国经常被用来作为政府支持增长的理论基础。前美国总统罗纳德·里根[1]在 1983 年的一个大型会议典礼上发言时向他的听众保证：我们"不存在增长极限性，因为人类的智慧、想象力和创造奇迹的能力是没有极限的"。他的继任者乔治·赫伯特·沃克·布什[2]，在 1992

1　罗纳德·里根（Ronald Reagan, 1911—2004），美国政治家，1981 年到 1989 年任第 40 届美国总统。

2　乔治·赫伯特·沃克·布什（George H. W. Bush, 1924—2018），美国政治家、外交家、商人，1989 年至 1993 年任第 41 届美国总统。

年里约热内卢召开的国际地球峰会[1]发表的一次演讲中，更加强调了这一点。布什说："20 年前，就有人谈到了增长的极限性。今天，我们认识到，增长是变革的动力，也是环境的朋友。"其他西方领导人也表达了类似的看法。由于两种不同的未来愿景相互对立，至少在理论基础上还是对立状态，因此环境是否存在极限性这个问题，一直到 21 世纪仍然无法解决。

然而，理论基础的僵持状态并没有阻止科学家们继续深入研究环境极限性问题。2009 年，一个国际研究小组提出了"行星边界"的结构，科学家可以通过这个结构来研究全球环境。他们为大气、淡水和海洋等 9 个关键的人类环境生存系统设定了一组阈值。例如，如果人类发展使大气中的二氧化碳水平、对淡水的需求和海洋的酸化超过了设定的阈值，其结果将对地球环境系统的整体稳定性造成威胁。最关键的是，研究人员警告说，人类已经超越了 9 个阈值中的 3 个。虽然行星边界与环境极限性不尽相同，但是它们都指向同一个方向：人类若跨越界限，终将自食其果。

极限性变得真实可察

在关于环境极限理论的辩论进行得如火如荼时，世界开始遇到了切实存在的环境极限问题。最早的环境极限与人类产生的污

1　地球峰会（Earth Summit），又称联合国环境与发展会议（The United Nations Conference on Environment and Development），联合国最重要的会议之一。会议于 1992 年在巴西里约热内卢举办，155 个国家签署了《联合国气候变化框架公约》（*The United Nations Framework Convention on Climate Change*）。

染物总量有关。要维持人类适宜的生存条件，大气层只能吸收有限的污染物。20 世纪 70 年代，化学家们发现，氯氟碳化物和其他化学制品正逐步上升到平流层，而且开始破坏能吸收有害紫外线辐射的臭氧层。各国政府在 1987 年签署了一项国际协议以应对臭氧层破坏，协议号召各国逐步停止使用破坏臭氧层的化学品。即使如此，在 21 世纪中叶以前，臭氧浓度估计都无法恢复到 1980 年的水平。

接下来的 10 年也证明，海洋资源也是有限的。海洋科学家长期以来一直认为世界上的野生鱼类总量是无限丰富的，但是到了 20 世纪 90 年代，大多数民众开始认同海洋正处于生死存亡之时。过度捕捞和气候变化导致的全球变暖与氧气损耗，已经造成了鱼类种群的巨大伤亡。2016 年，联合国的一个委员会发现，超过 30% 的鱼类种群被过度捕捞。另外，有 60% 的鱼类因过度捕捞，其数量已经降至可维持种群生存的极限值。自 20 世纪 80 年代以来，野外捕鱼的总规模没有增加。海洋科学家们也摒弃了他们早先的信念，即野生鱼类资源具有无限的种群复原能力。海洋科学家们现在承认，大西洋鳕鱼数量已经下降到只有最初种群数量的 1%，而且回升到原始数量的可能性微乎其微。

物种灭绝速度的急剧加快也进一步表明，人类对其他物种施加的生存压力也是有极限的。在过去的 5 亿年里，地球至少经历了 5 次大规模物种灭绝事件。在这些事件中，大自然凭借一己之力，就导致了地球生命物种的丰富性和多样性断崖式下降。到了 20 世纪 90 年代，生态学家已经开始讨论，地球正处于第 6 次大灭绝中，而这次主要是由人类活动造成的。科学家对全球物种灭绝速度的估测各不相同，因为他们对地球栖息了多少种群数量仍存在分歧。而且，科学家发现他们很难确定一个物种是否已经彻底灭绝，抑或只是在他们寻找的地点不存在了而已。然而，已被大众普遍接受的一个估测结果是：现在的物种灭绝速度已经上升到历史记载灭绝速度的 100 到 1 000 倍。

到 21 世纪，科学家们甚至认为，人类寿命和运动成绩都是有极限的。医学与营养学的进步发展已经大大延长了人类的寿命。至少对大部分工业化世界的人来说，他们似乎具有与生俱来的权利比上一代人更长寿。在未来的寓言故事中，未来人通常比他们的祖先长寿几十年甚至几个世纪。然而，科学家们发现他们面临着又一个新的极限。2016 年一项研究的学者们写道："我们的研究结果有力地证实了人类的最大寿命是固定的，而且受自然的限制。"他们认为，仅靠改善药物和提高营养，不可能使人类寿命的上限超过 120 年。人类的运动成绩也遇到了极限问题。到了 20 世纪末，运动员要在全球体育比赛打破世界纪录，似乎也越来越难。一位作家称该时刻为"奥林匹克高峰期"，指"人类在稳定进步的道路上，最后到达了令人沮丧的纪录高原"。

但是，在 20 世纪末出现了一个最令人感到可怕的极限。地球大气层可以吸收一定量的温室气体，而不产生剧烈的气候变化。科学家自 20 世纪 30 年代起就意识到，全世界气温在逐步上升，但他们认为这是气候自然波动的一部分。直到 20 世纪 50 年代中期，他们才开始认真考虑，类似二氧化碳这种人类产生的温室气体，如果持续增加可能影响未来气候。10 年后，美国国家科学院的报告指出，科学家们"现在才开始意识到，大气层不是一个容量无限的垃圾场"。当时的科学作家和未来主义者都认为这项研究得出的结果非常不乐观。美国的维克多·科恩和英国的里奇·卡尔德[1]两位作家,都是致力于创作永远进步和持续增长的故事。甚至连他们二位也在自己的未来故事中,提出未来的气候变化可能会更具破坏性的论断。

到 20 世纪 80 年代末,科学界已形成一个共识,温室气体排放量的增加是导致世界气温上升的最主要原因。从这时起,评估气候会给人类生存造成多大的威胁,以及这种威胁到来的速度,成为一个亟待解决的问题。联合国新成立的国际气候变化专家委员会[2],在全面审查现有科学文献的基础上,开始定期编写气候变化报告。这些报告也成为气象科学的黄金标准。报告中警告说:气温升高、冰川融化、海平面上升、干旱期延长、更极端的热浪和更猛烈的风暴,所有这些都将导致水资源短缺、农作物歉收、海岸线周边地区出现海水倒灌、空气质量下降,以及物种灭绝加速。目前,这些影响已经在世界各地出现,学者也在进行实地测量。就算短期内人类减少二氧化碳排放,这些影响也可能继续维持几个世纪。

确凿无疑的是全球环境已经达到了环境极限,而且继续下去很可能会产生灾难性的后果。因此,气候变化给了发展型叙事故事从未遭受过的当头一棒。在化石燃料能源的社会结构下形成的

---

1 里奇·卡尔德（Ritchie Calder, 1906—1982）,英国苏格兰社会主义作家、记者、学者。

2 国际气候变化专家委员会（International Panel on Climate Change）,是联合国的一个政府间机构,负责推广人类引起的气候变化的知识。它由世界气象组织（WMO）和联合国环境规划署（UNEP）于 1988 年建立,后得到联合国大会的认可。

无限增长的愿景，是基于大气可以无限吸收二氧化碳的前提假设。但是，现在确凿的科学证据表明，情况并非如此。事实上，这些科学证据证明，把超量的二氧化碳排入大气层所造成的环境破坏，不仅会威胁到人类身处的自然世界（自然世界一直是发展型叙事故事中，各项生产活动成本的来源），而且还会威胁到工业文明乃至人类生存本身。气候变化的影响是如此深远，甚至促使科学界为描述当前的地质时代，创造了一个新术语：人类世，或称人类时代。

事实上，气候变化是以压倒性的优势，遏制了人类无限扩张的行为。这导致那些对增长投入无数心血的人，比如倡导自由市场和经济扩张的人，会认为只有把气象科学视为顽固守旧的，甚至把气象科学当成是一场骗局，他们才可以继续追求增长。他们同时也支持政府对社会增长只采取少量监管措施，不承认气候变化是一个全球性的威胁，也不认为政府需要采取大规模行动来处理这个问题。支持经济增长的人更不接受减少碳排放的号召，而且如果未来要求全社会增长放缓，甚至停止增长，他们也坚决不会让步。至少在清洁能源投入使用之前，支持增长的人会一如既往地要维持现状。所以，许多企业和政府，尤其是像美国和澳大利亚这样具有大力发展前沿科技传统的国家，干脆彻底否认气象科学。即便是其他科学研究都一致同意气象科学的研究结果，也无济于事。

对技术的失望

西方国家发现自身发展与环境极限突然发生剧烈冲突，与此同时，重点领域的技术创新增长也开始放缓。毫无疑问，在20世纪60年代之后，工业化世界取得了惊人的进步，特别是在计算机、机器人、医疗科学和通信技术领域。新的化石燃料开采技术，也推迟了石油峰值来临的时间。墨西哥和印度等有耕种问题的地区，在使用改良种子以后，作物产量大幅提高，避免了许多人曾经预测的大范围饥荒的发生。以上种种，都是不可小觑的进步。但是，若借用经济学家泰勒·科文[1]的话，到1970年，工业化世界的人已经摘完了科技果树上伸手可得的"低处果实"。此后，电灯、汽车、飞机、电话、电视、留声机，以及大规模生产等，这些能改变生活的创造发明已经很难再出现了。科文在2011年写道："除了看似神奇的互联网，仅从生活所需的物质条件来看，人们的生活条件与1953年的情况并没有什么不同。"

技术革新的速度与民众预期不符，某种程度上导致了未来幻想的破灭。科学作家马克·汉隆[2]把1945年至1970年这段时期称为"黄金25年"，以区别后期科技发展较缓慢的时代。经济学家

1　泰勒·科文（Tyler Cowen, 1962—　），美国经济学家、专栏作家、博客作者。现任美国乔治·梅森大学（George Mason University）经济系教授。

2　马克·汉隆（Mark Hanlon, 1962—　），美国电影导演、编剧。

保罗·克鲁格曼[1]则把 1970 年之后的时期称为"对技术失望的时代"。甚至硅谷企业家和技术未来主义者彼得·蒂尔[2]也感叹道:"我们想要会飞的汽车,结果却只得到 140 个字符。"《大众机械师》(*Popular Mechanics*)在一个多世纪以来,一直是未来主义交通技术的拥护者。该杂志在 2012 年上线了题为《为什么我们没有?》(*Why Don't We Have?*)的网页专栏。专栏解释了为什么像超高速铁路和单人喷气飞行器这些备受期待的技术,可能永远都无法面世。从许多方面看,《杰森一家》所描绘的世界,与我们现实生活的距离,似乎比 1962 年更加遥远了。

随后,最令人失望的情况出现在能源技术领域,因为经过一个多世纪的努力,人类依旧深度依赖化石燃料。世界曾把诸多发展的希望寄托在核裂变上,结果却以彻底失败告吹。工程师们发现要缩小核反应堆的尺寸和重量是极其困难的。因此,以原子能为动力的飞机、汽车和小型设备的梦想也随之彻底破灭。而且,储存核裂变产生的放射性废物也仍旧是个大问题。许多人也担心核能的广泛使用会导致核武器扩散。也许最重要的是,核裂变能源从未彻底说服公众,让人们相信核技术是安全的。从英国的温

1　保罗·克鲁格曼(Paul Krugman, 1953—),美国经济学家,《纽约时报》的专栏作家。美国纽约城市大学(City University of New York)研究生中心经济学杰出教授。2008年,克鲁格曼因对新贸易理论(New Trade Theory)和新经济地理学(New Economic Geography)的贡献而获得诺贝尔经济学纪念奖。

2　彼得·蒂尔(Peter Thiel, 1964—),德裔美国企业家、风险投资者、政治活动家。他是 PayPal 的联合创始人,也是脸书(Facebook)的第一个外部投资人。

斯乔[1]事故到美国的三里岛[2]事故，再到苏联的切尔诺贝利[3]爆炸，一系列严重的核事故不断成为国际头条，也耗尽了公众对核能源的信心。在 2011 年日本福岛核电站[4]发生熔毁，并开始释放放射性物质后，一些工业化国家就开始逐步减少对核裂变能源的使用。早在 1956 年，迪士尼的畅销书《我们的原子之友》（*Our Friend the Atom*）就把原子能描绘成一个小精灵，它可以实现人类的所有愿望。但是，仅过了半个世纪，很多国家发现它们正在想尽办法把这个小精灵塞回瓶子里。

核聚变的失败使核裂变的惨剧雪上加霜。在 20 世纪 90 年代，核聚变曾一度被广泛认为是有可能实现商业化的。核聚变一直有两个基本问题没有解决：首先，聚变反应需要奇高无比的温度，反应温度是太阳温度的 6 倍以上，这就需要巨大的能量产生高温；另一个问题是要开发一种能够承载如此高温的材料。2013 年以来，

---

1 温斯乔（Windscale），指 1957 年 10 月 10 日在英国坎伯兰（Cumberland）西北角的温斯乔反应堆内爆发的严重核事故。该事件被评为国际核事件分级第 5 级，亦是英国史上最严重的核事故。

2 三里岛（Three Mile Island），指 1979 年 3 月 28 日在美国宾夕法尼亚州三里岛核电站的一次堆芯熔毁事故。这是美国商业核电历史上最严重的一次事故。该事件被评为国际核事件分级第 5 级。核电站事后的场地清污工作，直到 1993 年 12 月才正式结束。

3 切尔诺贝利（Chernobyl），指 1986 年 4 月 26 日苏联乌克兰共和国的切尔诺贝利核电站发生的核反应堆破裂事故。该事故是人类历史上最严重的核电事故，也是首例被国际核事件分级表评为最高第 7 级的特大核事故。事故的主因是反应堆紧急停机后，在后备供电测试时，因工作人员操作不当，最终使反应堆功率急剧增加，最后破坏了反应堆。核事故最终影响超 50 万人的生存。

4 福岛核电站（Fukushima Nuclear Power Plant），因 2011 年 3 月 11 日日本东北大地震和海啸破坏，日本福岛核电站发生核泄漏事故。这起事故也是自 1986 年切尔诺贝利事故之后最严重的核事故，在国际核事件分级表中被评为第 7 级。

由 6 个国家与欧盟组成的财团，一直忙着在法国南部建造国际热核聚变实验反应堆 [1]。这是一个工程庞大且极其复杂的核聚变实验，旨在解决目前困扰核聚变发展的问题。但是，即使该反应堆实验成功了（没人保证能成功），要想实现工业规模的电力生产，还有更多的工作需要做。很多先进技术还得再等 50 年才会出现，而核聚变就是其中一。

同样令人失望的是，人类在太空载人探索的领域还是举步不前。不论是美国还是苏联，都没有办法减少太空探索的高额成本支出。其实，美国政府一直以来对太空项目的支持都表现得不温不火，但是民众的记忆似乎与此相反。调查显示，大多数美国人更希望政府把钱花在其他地方。20 世纪 70 年代，世界范围内都出现财政收缩的情况，"冷战"巨头之间的紧张关系也有所缓和。因此，给太空项目的预算也有所下降。太空探索的目标也从载人航天飞行，过渡到通过机器人做太空探索，以及通过国际空间站实现各国通力合作。尽管新的太空重点研究项目获得了大量远行星与近行星的数据，但是这些数据对实现成本高昂的太空移民和太空采矿也几乎没有任何推动作用。相比 1969 年将美国宇航员送上月球的那枚火箭，工程师们至今都没有研发出更强大的能升空运作的火箭。同时，事实证明，实现人类殖民海洋也是太难太贵。

1　国际热核聚变实验反应堆（International Thermonuclear Experimental Reactor），是国际核聚变研究的巨型工程，邻近法国南部的卡达拉舍（Cadarache）科研中心。该基地将成为世界上最大的磁约束等离子体物理学实验基地。这也是目前世界正在建设的最大的实验性环磁机核聚变反应堆。反应堆项目始建于 2013 年，预计于 2025 年正式开始等离子实验，2035 年开始进行全氘 – 氚聚变实验。

在这 10 年里，一切都让人开始觉得，未来不会有新的能源资源了。

　　一直以来，交通是未来主义者最喜欢的话题，但也同样没有取得预期中的技术飞跃。其中一个比较显著的例子是，人们对超音速商业航行的失望。超音速运输是基于超音速战斗机的技术，承诺能以前所未有的速度飞行。所以，超音速飞行也代表了 20 世纪下半叶所设想的未来飞行。然而，超音速飞行的商业运行只持续了 27 年。英国和法国制造的协和式超音速客机[1]于 1976 年开始投入使用，从伦敦到华盛顿特区只需不到 4 小时的飞行时间，是普通飞机飞行时间的一半。然而，协和式飞机的噪声水平、对臭氧层的影响，以及难以置信的维护费用等，都是必须考虑的问题。因此，该型号飞机于 2003 年永久停飞。

　　即使经过几代企业和政府的不断研究，天气控制领域所取得的技术进展也少之又少。1954 年，美国天气控制咨询委员会[2]主席看到了核武器和喷气动力技术的飞速发展。他预测人类操控天气的能力也会以这样的速度进步。他在《科利尔斯》[3]杂志的首页文章中预测：40 年内，科学将"影响我们每日的天气，其影响程度能突破我们的想象范围"。然而，他的大部分梦想都没有实现。他

1　协和式超音速客机（Concorde），一款由法国宇航和英国飞机公司联合研制的中程超音速客机。它在 1969 年首飞、1976 年投入服务，主要用于执行从伦敦希思罗机场（英国航空）和巴黎戴高乐国际机场（法国航空），往返于纽约肯尼迪国际机场的跨大西洋定期航线。1996 年 2 月 7 日，协和飞机从伦敦飞抵纽约仅耗时 2 小时 52 分 59 秒，创下了航班飞行的最快纪录。

2　美国天气控制咨询委员会（United States Advisory Committee on Weather Control），成立于 1953 年，并于 1958 年发表关于天气控制的论文。

3　《科利尔斯》（COLLIER'S），发行于美国的大众趣闻周刊，创办于 1888 年。该杂志在 1957 年 1 月 4 日那周结束出版。

协和式超音速客机，在 2003 年之前一直由法国航空公司和英国航空公司执飞。
其飞行速度是音速的两倍，并被大众认为是未来的客机

资料来源：美国国家档案馆

尝试向飓风中散布化学制剂以驱散飓风，该实验没有成功。他还
试图在云层中撒碘化银制造雨水（一种今天仍使用的技术），但其
有效性至今仍无法证实。即使在小规模和局部范围内控制天气，
仍然超出了人类的能力范围。

到了 21 世纪初的 20 年，科学家们已经愿意承认，人类掌控
自然的能力可能真的非常有限。研究人员承认，因为需要考虑无

数一直变化的变量，要想提前一周或两周以上精准预测天气，是一项不可能实现的任务。所以，预测更大范围的行星气候系统，也是超出人类理解能力的。物理学家和历史学家斯宾塞·韦尔特[1]称行星气候系统"复杂得难以简化，所以我们永远无法彻底掌握"。与此同时，实现科学进步要花的钱也越来越多，从长远来看似乎是不可持续的。自 20 世纪 30 年代以来，研发投资金额急剧增长，但是因为越来越难想出好点子，投资回报也在慢慢减少。2020 年，美国斯坦福大学和麻省理工学院的几个经济学家发现，美国的研究能力必须每 13 年提高一倍，才能维持现在的经济增长需求。一些科学家甚至开始承认，人类理解宇宙的能力是有限的，这说明知识本身也是有限的。

更加令人失望的是，许多已经实现的技术进步并不像以往宣称的那样毫无问题。早在 1962 年，随着蕾切尔·卡森[2]《寂静的春天》一书出版，化学革命产生的有毒污染就成了公众关注的焦点。作为一名海洋生物学家和卓有成就的作家，卡森以其引人入胜的散文作品，细致入微地解释了雅各·罗森的《富足之路》等作品中倡导使用的各种化学品是如何通过食物链毒害人类和环境的。卡森的书是建立在早期民众对化学品的恐慌和对辐射的持续恐惧上。该书也吸引了大量的国际关注，对推动环境运动的开启也起到了

1　斯宾塞·韦尔特（Spencer Weart, 1942— ），美国科学史专家。1971 年到 2009 年，他一直担任美国物理学会（AIP）物理学史中心主任。其主要作品有《全球变暖的发现》（*The Discovery of Global Warming*）。

2　蕾切尔·卡森（Rachel Carson, 1907—1964），美国海洋生物学家，其著作《寂静的春天》（*Silent Spring*），引发了美国乃至全世界的环境保护运动。

重要作用。如果卡森再活 20 年，当她得知雅各·罗森曾担任研究主任的化工厂周围已经被严重污染，而联邦政府不得不承担起清理责任的时候，相信她也不会太惊讶。

在未来主义实现的所有成就中，结果令人沮丧，或者只能算好坏参半的部分，实际上占了绝大多数。营养学家们仍然不相信人工合成食品和经过少量加工的天然食品一样健康。工业机器人也并没有让工人们过上更加闲适的生活，反而把他们推向了非技术性岗位，做着低收入的工作。那些能代表整个西方现代主义建筑的未来城市，也充斥着毫无新意又令人不快的工作和生活场景。人们用杀虫剂消灭了无用的昆虫，但也使这些虫子进化成具有耐药性的"超级虫"。全球变暖曾经是位于较寒冷地带的西方国家的长期梦想，但是全球变暖之后天气变得更加反复无常，而非舒适宜人。未来并没有按照人们设想中的样子发展。

然而，发展型叙事故事却能吸纳这些失败作为故事的素材。在发展型叙事故事中，这些令人失望的结果，只是人类在通向更多收获的道路上暂时要面对的挫败而已。只要投入足够的时间和金钱，人类肯定能完善核聚变能源供应、建立火星殖民地、无限期延长人类寿命等。这些领域目前出现进展缓慢的情况，并不代表科技发展就到此为止了，而只是科技发展暂时受限而已。人们通常把受限的原因归咎于政府丧失了政治或经济的投资意愿。只要克服了这些困难就没问题。

至少从发展型叙事故事的立场来看，就算是气候变化，也只是另一个需要解决的环境问题。解决了环境问题，社会就能继续增长。21 世纪初，科学家们就公开表示，可以通过气候工程研究寻找减缓气候变暖的方法。研究人员考虑过一些吸收碳排放的方法，比如在海洋中加入铁或石灰，或建造巨型空气净化器净化大气。其他研究人员则研究了阻隔日光的方法，通过向高层大气喷洒硫酸盐气雾剂模仿火山爆发的效果，或者通过把海盐注入云层促进水汽凝结，然后增加反射率。还有一些人提议在水下建造高达305米的巨大墙体，把暖流从融化的冰川附近引开。他们不知道的是，类似的项目早在19世纪就已经提出，当时人们建议把暖流引向地球两极，然后让地球变暖。类似这样的措施，获得了越来越多有环保意识的科学家的支持。他们认为这些措施可以给人类争取一些时间，让工程师继续寻找可替代的能源资源。

但是，由于社会舆论几十年的怀疑态度，未来幻想的破灭，以及民众意识到人类正生活在自己造成的逐步恶化的环境中，民众对进步的信心早已支离破碎。因此，自20世纪60年代以来，社会也发生了其他类型的文化转型。许多西方人都同时对自身社会的文化标志失去了信心，包括西方历史的胜利故事、信仰基督教是唯一的救赎之路、西方文化的优越性，以及认为科技进步是为了追求美好生活的信念。西方科学秉持的是追求客观合理性的价值观。但是到了20世纪90年代，他们否认气候变化的客观存在，甚至削弱了西方科学的合理性原则。人类长期期待的是物质化的美好未来。但是，环境极限是真实存在的，而且人类还是不够聪明，找不到能绕开环境极限继续发展的途径。这才是对人类实现美好的物质未来造成巨大威胁的关键。

世界末日降临

由于未来环境情况不容乐观，而科学技术尚未能实现未来故事中承诺的乌托邦世界，所以灾难型叙述故事逐步成为社会更常见未来环境愿景。科幻小说在 20 世纪的发展过程中，获得了相当大的重视，也收获了一大批读者，而且在传播灾难型叙述故事的过程中也发挥了重要作用。科学界的学者最先对环境危机表示担忧。而后，科幻书籍、电影和电视节目的创作者吸收了一些技术型反乌托邦主义的元素，把科学界的这种担忧转化为引人注目的形象与扣人心弦的故事。但是，此时的流行文化已经和政治文化分道扬镳了。即使前者更接受"增长引发灾难"的观点，但后者依旧不惜一切代价确保持续增长。

20 世纪 70 年代，世界正走向严重生态危机的这一观点，成为近未来科幻小说作品的首选主题。污染、人口过剩、资源枯竭都成为科幻故事的重要主题。作家们构思了一个被严重毒害的环境。因人类过度生产、过度消费，以及技术管理不善导致环境恶化，人们不断患病，文明不堪人类垃圾的重负而彻底崩溃。人们甚至通过一个新的反乌托邦视角，重新讲述一些历史悠久的乌托邦愿景。几十亿人生活在地底深处，或者在高耸入云的城市里，过着完美如意且技术发达的生活，然后地表的每一寸土地都能用于耕种粮食以养活他们。这种乌托邦式梦想，反而演变成了一个反乌托邦故事的背景。民众认为未来环境不甚乐观的想法已经非常普遍，所以出版商把所有这类故事整合到一起，发行了一套作品集，比如《地球废墟》(*The Ruins of Earth*)、《受伤的星球》

（*The Wounded Planet*）、《噩梦时代》（*Nightmare Age*）。

这一趋势一直持续到 20 世纪 80—90 年代，而后又持续到新的千禧年代。从威廉·吉布森的开创性作品《神经唤术士》（*Neuromancer*），到玛格丽特·阿特伍德[1]的《玛德达姆》（*Maddam*）三部曲，再到金·斯坦利·罗宾逊的多部获奖作品，这些作家都把他们的故事背景设定在未来世界贫瘠的环境中。这些故事都倾向于反映时代背景下人们关心的环境问题，比如核冬天[2]问题或社会过度发展问题。随着现实中地球的升温，以气候变化导致世界环境破坏为背景的故事，也变得越来越普遍。这些故事最终结合成一个强大的新的文学亚流派，名为"气候小说[3]"。就算作品内容主题与环境问题无关，或者作者预言了科技将一直发展并达到前所未有的高度，故事很可能还是会设定在未来某种环境浩劫的背景下。环境毁灭的故事似乎比其他环境故事都更能让人信服。

电影往往能触及更多的观众，并让公众看到一个多灾多难的

1　玛格丽特·阿特伍德（Margaret Atwood, 1939— ），加拿大诗人、小说家、文学评论家、散文家、教师、环境活动家。自 1961 年以来，她已出版了 18 本诗集、18 本小说、11 本非小说集、9 本短篇小说集、8 本儿童读物和 2 本图像小说。阿特伍德及其作品获得了许多奖项和荣誉，包括两个布克奖（Booker Prize）、亚瑟·查理斯·克拉克奖（Arthur C. Clarke Award）、总督奖（Governor General's Award）、弗朗茨·卡夫卡奖（Franz Kafka Prize）、阿斯图里亚斯公主奖（Princess of Asturias Awards）以及美国国家书评人协会（National Book Critics and PEN Center USA）的终身成就奖。其作品多次被改编成电影和电视作品。

2　核冬天（Nuclear Winter），一个关于全球气候变化的假说理论。该理论认为如果人类使用大量核武器，就会使大量的烟雾进入地球大气层，由此可能导致长时间且极严重的全球气候冷却效应。

3　气候小说（Climate Fiction，英语简称 cli-fi），属于未来小说中的一种，主要以气候变化和全球变暖为环境背景。

未来环境。其中一系列令人印象深刻的电影出现在20世纪70年代。这些作品就是为了反映人们对人口过剩、资源枯竭，以及核事故的担忧。《超世纪谋杀案》（*Soylent Green*）的故事发生在2022年，那时人口过剩已经导致城市拥挤不堪，大部分贫困人口只能领取到政府配给的人工合成食品，为了防止社会彻底崩溃，发生了越来越多的警察暴力；《逃离地下天堂》（*Logan's Run*）的背景设定在2274年，在一个穹顶保护下的反乌托邦世界里，居民对穹顶外的废墟世界一无所知。为了控制人口，他们对所有年满30岁的人进行杀戮仪式；以《疯狂的麦克斯》（*Mad Max*）为始的"公路战士"电影，也探讨了世界各地石油储备枯竭后，社会崩溃造成的影响；《中国综合征》（*The China Syndrome*）则展示了企业如何掩盖核电站安全问题……所有这些作品，都成为流行文化中的重要标志。

在21世纪初，人们对气候变化的高度关注，又带来了另一批描绘生态灾难的电影。其中最受欢迎的是《后天》（*The Day After Tomorrow*）和《机器人总动员》（*Wall-E*）。《后天》上映于2004年，故事描述了气候变化导致北大西洋洋流中断。结果发生了连续性的超级风暴，整个北半球开始进入了新冰河时代。作品通过一组组令人印象深刻的特效动画来描绘这些风暴。虽然作品因内容含有不准确的科学分析而备受批评，特别是作品臆想全球突然出现降温的情况，但是电影在商业上取得了巨大成功，而且吸引了国际学者研究该作品如何影响民众看待气候变化的态度。2008年由迪士尼制片厂制作发行的《机器人总动员》，把灾难型叙事故事与反乌托邦中的发展型叙事故事做了有机结合。故事发生在遥远的2805年，那时的人类早已放弃了污染严重且毫无拯救希望的地球，转而选择了住在巨大的宇宙飞船中。在宇宙飞船里，人们把自己的生活投入毫无意义的休闲和消费活动中。

世纪之交时，以环境毁灭为背景的青少年小说，也出现了爆发性增长，其中很多故事都与技术反乌托邦的内容相辅相成。最著名的应该是苏珊娜·柯林斯[1]所写的，大受欢迎的《饥饿游戏》三部曲。故事发生在一个因海平面上升而发生社会转变的世界，里面的居民长期受食物短缺困扰。韦罗妮卡·罗思[2]的《分歧者》系列故事，以一次虚构的历史战争事件为故事背景。战争的起因是美国政府试图通过基因手段改善人口，但政府做的一系列工作，导致灾难发生。保罗·巴奇加卢比[3]笔下的故事发生在因各种事件而被彻底改变的环境中。这些事件包括干旱、海平面上升、石油产量出现峰值、基因工程等。这些作品，有几部已经拍成了广受喜欢的电影。把即将发生的环境末日传播给年轻人的过程中，这些作品也发挥了重要的作用。

但是，到了21世纪，人们不需要成为一个科幻小说或反乌托邦文学的粉丝，也能沉浸在环境灾难的意象中。这些意象无处不在，因为科学家、记者和政府官员，都源源不断地述说着让人警醒的未来预测。全世界都会看到岛屿下沉，湖泊干涸，气温达到新极值，超级风暴摧毁主要城市。很多人仍然拒绝相信人类行为正在改变

---

1 苏珊娜·柯林斯（Suzanne Collins, 1962— ），美国电视编剧、作家。其最著名作品是《饥饿游戏》（*Hunger Games*）系列。

2 韦罗妮卡·罗思（Veronica Roth, 1988— ），美国小说家，因其畅销作品《分歧者》（*Divergent*）三部曲而闻名。

3 保罗·巴奇加卢比（Paolo Bacigalupi, 1972— ），美国科幻小说作家。

气候，或者气候正在发生变化。但是，即使他们不承认，也不能阻挡世界末日即将到来的鼓声。对民众来说，设想世界末日的景象，比构思一个能与全球环境和谐相处的人类社会更加容易。

未来不再是过去设想的样子

相比之下，发展型叙事故事中的乌托邦部分，引领了西方近两个世纪的发展雄心。但是，20 世纪 60 年代以后，发展型叙事故事对公众未来设想的影响力是大不如前。人们对历史产生的新的理解，也让人不再向往发展型乌托邦故事的未来。少数对发展抱有极度热情的科学家、工程师和记者，依旧承诺以后会有飞行的汽车，能建造飘浮的城市，人类寿命会大幅延长，每个人都能无限富足。到 20 世纪末，基于计算机、基因工程、互联网的进步，人们又产生了新的愿景，比如上传大脑信息、基因设计儿童，以及经技术改造的躯体。经过这些技术改造的人，也将不再是普通的人类，而是"超人类"。有些人甚至找到了一种更具创造性的方法，把环境危机纳入未来愿景中：他们把气候变化重新设想成一个令人兴奋的新机会，气候变化可以促使人类将自己推向更高的发展高度。修炼成仙似乎是指日可待的事。但是，公众对这些普罗米修斯式梦想家的信心，不再像以前那么坚定了。

科幻小说家们虽然放弃了以增长为导向且拥有璀璨技术的乌托邦社会，但是《星际迷航》（*Star Trek*）中的宇宙是一个重要的例外。最早期的《星际迷航》电视连续剧，从 1966 年播放到 1969 年，其背景是 3 个世纪后的未来世界。那时的地球人，在文明开化且奉行扩张主义的星际联邦中扮演着领导角色。《星际迷航》是一个典型的技术乌托邦作品，里面的科学、技术，以及太空旅行开拓的新领地，都促进了社会与道德的进步，而且将人类引入了一个富足和平的时期（即使人类仍然要和大量邪恶的外星人战斗）。从那时起，《星际迷航》系列衍生出了很多新电视剧和电影。这些番外篇作品，都发生在同一个宇宙故事背景下。《星际迷航》一直都是流行文化的中坚力量，也对大众的未来愿景产生了极大影响。

在一个认同环境极限性的时代，《星际迷航》依然能保持大受欢迎的程度。其主要原因之一是故事中大部分的事件都发生在宇宙遥远的边缘地带。人类在银河系的无限扩张，在设定故事背景时就被认为是一件好事，而且也是故事发展的重要前提。《星际迷航》系列电视剧和电影里的故事，大多是讲述人们发现了新世界，去新世界开采资源，然后人类和外星物种的盟友开始在新世界繁衍生息。剧中一直没有提及人们对环境问题的担忧，因为很难想象，在无垠的太空也会发生严重的环境破坏。如果发现了一个新世界要全部用于工业发展和开采资源，那么下一个新世界很可能就会被保护起来，作为人们田园生活的天堂。简言之，《星际迷航》给大众提供了一个想象空间，观众仍然可以沉浸在无尽增长的古老梦想中，而不必担心要承担环境破坏带来的恶果。

出于同样的原因，现实中的太空探索与发展型叙事故事中的乌托邦作品，有着紧密的联系。在关于环境极限性辩论的推动下，物理学家杰瑞德·欧尼尔 [1] 成为一个非常重要的太空移民倡导者。1976 年，他出版了《高空边疆：未来的太空殖民地》（*The High Frontier: Future Colonies in Space*），并在美国普林斯顿大学成立了太空研究所。虽然大众对太空殖民的兴趣一度衰退，但是因 21 世纪初人们对环境的担忧不断增加，使得太空殖民再次复苏。这一次，行星资源公司 [2]、太空探索技术公司 [3] 和蓝色起源 [4] 等以营利为目的的企业，推出了一系列新的未来愿景，比如月球开矿、移居火星、建造类似欧尼尔设计的太空旋转圆柱体等等。蓝色起源和在线零售商亚马逊的创始人杰弗里·贝索斯说："我们可以选择，我们要生活在停滞不前的社会，每天等着政府提供定量配给，还是要追求活力与增长？"诸如此类的建议获得了媒体的广泛关注，但是他们都未能重振大众曾经期待的未来愿景，即外层太空有望成为下一个发展的前沿领域。

在此期间，许多环保主义者却从一个不太乐观的角度看待太

1　杰瑞德·欧尼尔（Gerard O'Neill，1927—1992），美国物理学家、天文学家。他提出了质量加速器（the Mass Driver）的构想。20 世纪 70 年代，他制订了一项在外层空间建立人类定居点的计划，还设计了一个名为欧尼尔圆柱体（the O'Neill Cylinder）的太空居住地。他创立了太空研究所（Space Studies Institute），以致力于资助太空生产与殖民化研究。

2　行星资源公司（Planetary Resources），成立于 2010 年的美国公司。公司主要目标是研发实施小行星采矿技术，然后扩大地球的自然资源储备。

3　太空探索技术公司（SpaceX），美国一家民营航天器制造商和太空运输公司。由埃隆·马斯克（Elon Musk）于 2002 年创办，目标是降低太空运输成本，并实现火星殖民。

4　蓝色起源（Blue Origin），一家美国私人航天公司，由亚马逊公司创始人杰弗里·贝索斯（Jeffrey Bezos）于 2000 年创办。在 2011 年的一篇采访报道中，贝索斯表示蓝色起源公司的发展目标是提高太空旅行的安全性并降低其成本。

20 世纪 70 年代中期，美国宇航局请几位艺术家，根据未来可能形成的太空殖民地设计绘图。瑞克·盖迪斯[1]的这幅作品，展示了一个环形太空殖民地的剖面图，该殖民地通过旋转产生自身重力

资料来源：美国宇航局艾姆斯研究中心[2]

---

1 瑞克·盖迪斯（Rick Guidice, ? — ），美国插画师，他为美国宇航局（NASA）创作了一系列太空作品。

2 美国宇航局艾姆斯研究中心（NASA Ames Research Center），美国宇航局位于加利福尼亚州硅谷的一所大型研究中心，成立于 1939 年。"艾姆斯"的名字取自物理学家、国家航空咨询委员会创始成员之一：约瑟夫·斯威特曼·艾姆斯（Joseph Sweetman Ames）。

空殖民地。作家温德尔·贝里[1]在 1977 年写道：我在他们身上看到了"进步理念的重生，以及所有旧日无限扩张的欲望"。太空只会成为一个新的被人类滥用的边疆，因为"人类的破坏性与他们推测未来富足的程度成正比；如果他们看到的未来拥有无限的富足，那么人类就能造成无尽的破坏"。贝里也坚信，太空殖民可能会使某些公司发财致富，但也会使纳税人陷入贫困。这个过程等于直接把人类社会最糟糕的部分转移到外太空。人类必须首先改变这些糟糕的社会情况，而这种改变只有在人类接受自然存在极限性的条件下才会出现。他总结说："良好的行为习惯，需要严明的纪律才能培养出来。"

最显而易见的情况是，以进步和增长为核心的乌托邦愿景，已丧失了指导人类未来发展的可信度。这种未来愿景也渐渐融入了 20 世纪 60 年代末传遍西方文化的怀旧之风中。从德国、英国，再到美国，人们听的音乐、看的电影和电视，以及穿的时装，都转向了怀旧复古风。这种转变在年轻人中尤其明显。1970 年，《芝加哥论坛报》（*Chicago Tribune*）的一名记者惋惜地说："年轻人似乎在倒退，而不是像他们的父母和祖父母那样，读儒勒·凡尔纳的作品，看巴克·罗杰斯的连续剧，或者思考未来。"商家迅

---

1 温德尔·贝里（Wendell Berry, 1934—　），美国小说家、诗人、散文家、环境活动家、文化评论家。他是南方作家协会（Fellowship of Southern Writers）成员，美国国家人文奖章（The National Humanities Medal）获得者。他也是 2013 年美国艺术与科学院院士（Fellow of The American Academy of Arts and Sciences）。2013 年，贝里获得理查德·霍尔布鲁克杰出成就奖（Richard C. Holbrooke Distinguished Achievement Award）。2015 年1 月 28 日，他成为首位入选美国肯塔基州作家名人堂（Kentucky Writers Hall of Fame）的在世作家。

速抓住了这种新趋势的商机，然后使其成为流行文化的主力军，直到今天依然如此。

未来主义者阿尔文·托夫勒[1]将这一前所未有的怀旧浪潮称为"未来冲击"，他认为民众因为直接受到"未来冲击"所以产生了怀旧文化。他还认为，变化的速度已经快得让人惴惴不安，所以人们才会在绝望中转向过去，以寻求心理上的稳定感。人们身处于一个他们不再熟悉的世界里，但是又渴望着旧有且熟悉的东西。然而，托夫勒的话只说对了一半。西方快速发展的社会与技术变革已经持续了几代人，但以前从未发生像现在这样追思过去的情况。到20世纪60年代末，人们对未来的看法发生了变化。从全球范围看，人们觉得未来不再是前景一片光明。也许，正如记者兰斯·莫罗[2]几年后所述，"在进步福音的长期引导下，人们第一次把未来当成一个敌人"。

乌托邦式的发展型叙事故事，很快就在怀旧文化中占据了重要位置。20世纪70年代，《星球大战》（*Star Wars*）电影的创作者就是在回顾历史时，从30年代的《飞侠哥顿》（*Flash Gordon*）系列电影中，寻找到艺术和叙事的灵感。到20世纪80年代，整个文学和艺术运动正在蓬勃发展时，又重新采用了前几代人的未

---

1 阿尔文·托夫勒（Alvin Toffler, 1928—2016），美国作家、未来主义者、商人。他因其现代技术数字革命和通信革命的作品而闻名，被认为是世界最杰出的未来主义者之一。

2 兰斯·莫罗（Lance Morrow, 1939— ），美国散文家、作家。1981年曾获得美国国家杂志的散文和评论奖（National Magazine Award for Essay and Criticism）。

来愿景。蒸汽朋克[1]就借鉴了儒勒·凡尔纳和阿尔伯特·罗比达作品中的元素。蒸汽朋克把故事设置在以维多利亚时代[2]为背景元素的虚构世界里，想象人们大量使用黄铜、齿轮和蒸汽技术。柴油朋克[3]借鉴了20世纪中期的柴油机技术。原子朋克[4]回顾了战后时期的社会风格和机械化特征。这种现象也蔓延到俄罗斯，俄罗斯人对苏联在20世纪中期进行的太空项目是相当怀念的。

　　这些"复古未来风[5]"不仅在21世纪保留了极易辨认的特点，还具有促进市场销售的潜力。公司与政府机构，特别是与技术有关的行业，都主动采用复古风格宣传它们最先进的产品和计划。美国国家航空航天局的喷气推进实验室[6]，创作了一组名为《未来

1　蒸汽朋克（Steampunk），一种流行于20世纪80年代至90年代初的科幻题材。其故事设定于一个蒸汽科技达到巅峰的架空世界。这类故事对工业革命时代的科技，进行了极大的夸张与修饰，并创建出一个与当今科技文明或未来科技文明都不同的、依赖于简单机械装置的科技世界。

2　维多利亚时代（Victorian era），指英国历史上1820—1914年的时期，大致相当于维多利亚女王（Queen Victoria）统治时期。该时期以阶级划分为基础，人们开始享有投票权，国家和经济不断发展，英国成为世界上最强大的帝国。

3　柴油朋克（Dieselpunk），类似蒸汽朋克或者赛博朋克（Cyberpunk）的科幻复古题材，结合了世界大战期间到20世纪50年代，以柴油技术为基础的技术美学、复古未来主义科技，以及后现代主义元素。

4　原子朋克（Atompunk），一种以20世纪50年代的未来视角为中心的美学，多使用一种独特且色彩鲜艳的艺术风格。原子朋克多描绘与"传统美国"价值观相关的图像，追求小家庭和郊区生活方式。

5　复古未来风（Retrofuture），指当代艺术中对早期未来主义设计风格的模仿。该设计风格将复古风格和具有科技色彩的未来主义风格相结合，以探索过去和未来之间的紧密联系。

6　喷气推进实验室（Jet Propulsion Laboratory），始建于1936年。该实验室是由美国联邦政府资助的研究开发中心，也是美国国家航空航天局的实验中心，位于美国加利福尼亚州的拉卡纳达弗林奇市（La Cañada Flintridge）。

FARMERS WANTED

美国国家航空航天局在 2009 年制作了这张海报，以争取人们对火星殖民的支持。海报采用的艺术风格，让人联想到早期对太空探索持积极乐观态度的时期，所以能引发人们怀念过去所畅想的美好未来

资料来源：美国国家航空航天局和肯尼迪航天中心 [1]

---

1 肯尼迪航天中心（Kennedy Space Center），成立于 1962 年，位于美国佛罗里达州的梅里特岛（Merritt Island），是美国国家航空航天局的 10 个野外发射中心之一。自 1968 年 12 月以来，肯尼迪航天中心一直是 NASA 人类太空飞行的主要发射地。阿波罗项目、太空实验室（Skylab）项目和航天飞机（Space Shuttle）项目的发射，都是在该中心的第 39 号发射场进行的。

愿景》(*Visions of the Future*)的海报，其灵感来源于 20 世纪 30 年代的艺术作品。美国国家航空航天局和太空探索技术公司都通过能唤起人们对太空时代[1]高峰期回忆的海报，宣传人类在火星的未来。2016 年，一家为科技行业研发轻质金属的公司，制作了一个很受欢迎的视频广告。他们用 21 世纪的技术更新了《杰森一家》动画片中的介绍部分。沃尔特·迪士尼本打算通过迪士尼主题公园的"明日世界"，给大众提供"一个我们未来生活的蓝图"，可是现在反而唤起了人们追思过去所构想的未来图景。巴黎的迪士尼公园还特别规划了一个儒勒·凡尔纳所想象的明日世界。因为过去人们对进步和增长抱有坚定的信念，所以现如今游客们渴望让自己能再次置身于这种信念中。只是，这种旧有的信念感一旦出了公园大门，就很难再找到了。游客对一个过去未曾实现，未来也不可能实现的世界充满了怀念。

生态乌托邦的时刻

在 20 世纪 60—80 年代的短暂时期内，人们对环境产生的危机意识，给小说家提供了一个新的创作方向。他们笔下的新未来极具创造性，又充满希望，也不存在增长问题。小说中虚构的"生态乌托邦"，在很大程度上就是那个时代的产物。生态乌托邦的出现反映了当时的民众对民权和妇女运动的关注，也对越南战争等

1　太空时代（The Space Age），和太空竞赛、太空探索、太空技术相关，此时的文化发展也受太空发展影响。该时代从 1957 年发射人造卫星一号（Sputnik 1）开始，一直延续至今。

事件做出了回应。然而，生态乌托邦作品里人们实施环境治理的基本方法，与 19 世纪末出现的田园乌托邦非常相似。总的来说，生态乌托邦作品中描绘了一些自给自足的小型社区。这些社区拥有稳定的经济，只生产社区生活必需品。这些作品鼓励人们过极简的物质生活，保持低水平消费，并且要多融入周边的自然环境。所有这些条件，都是以人类彻底改变对增长追求和对环境的态度为前提的。

1962 年，也是蕾切尔·卡森的《寂静的春天》点燃环保运动的同一年，阿道司·赫胥黎出版了《岛》（*Island*）。该书也是他对反乌托邦作品《美丽新世界》的一个呼应。赫胥黎笔下的故事发生在一个偏远的小岛上，人们在孩子很小的时候就对其进行生态教育，给他们反复灌输一种理念：所有生物相互之间都存在关联性。这种早期对万物关联性的重视，成为该社会"推己及人"的道德基础。这种道德感可适用于人类之间和人类与非人类自然之间。在这种道德标准下，岛内形成了一个重视精神与智力追求，而非重视物质利益的社会。同时，岛民是有选择地采纳新技术。他们"没有让自己变得更有竞争力的重工业，没有让自己变得更道德败坏的武器装备，没有一丝欲望想要登陆月球背面"。岛民还尽量减少他们的人口数量和食欲。一位居民解释说：我们这样做"不是因为人口过多，我们有很多吃的。只是，虽然我们拥有很多，我们还是要设法抵制西方社会所屈从的诱惑——过度消费的诱惑"。

英国科学作家尼格尔·卡尔德采用了不同的方法来重塑人类的价值观。在 1967 年出版的《环境游戏》（*The Environment Game*）

一书中，卡尔德认为自农业出现以来，社会制度的构成就像一种游戏，游戏的奖品是财富与权力。他写道："只有从根本上改变游戏规则，使人们学会享受令人愉悦的自然环境，就像今天人们垂涎金钱和物质产品一样，才有希望在这个星球上养活比现在多两到三倍的人口，而不至于最后以不可逆的方式毁掉地球。"卡尔德构想了一个世界范围的文明。在这种文明中，社会以环境作奖励，比如享受乡村生活、外出打猎、参与环境治理，或有权住在四周风景如画的房子里。所有人都渴望能获得在这种优美环境生活的选择权。那时，人类社会就会尽可能地减少对自然界的影响：人们将生活在小城镇里或海面平台上，依靠核能或太阳能生活，也会放弃农场放牧，只吃人工合成食品。地球的大部分地区都将恢复到野生状态，而卡尔德想象的是人类将扮演一个十分重要的角色，大家会像照料自己的花园一样照顾地球。

对生态乌托邦的未来愿景做出标志性贡献的，是欧内斯特·卡伦巴赫[1]在 1975 年出版的《生态乌托邦》。"生态乌托邦"一词也由此产生。在卡伦巴赫笔下的 21 世纪的未来，加利福尼亚州北部、俄勒冈州，和华盛顿州为了追求不同的环境发展道路，都已脱离美国并独立。这个新国家建立的原则是：人类存在的意义不是为了把生产最大化，而是"在一个相互交融且状态稳定的有机生物体网络中，找到一个中庸适度的位置，尽可能少地干扰这个生态网络……人类的幸福感不是源于他们主宰了多少地球的生物，而

---

1 欧内斯特·卡伦巴赫（Ernest Callenbach, 1929—2012），美国作家、电影评论家、编辑，极简生活的支持者。他因在国际上极具影响的《生态乌托邦》（*Ecotopia*）一书而闻名。

是他们与这些生物平衡相处的程度"。生态乌托邦的居民拒绝接受增长与进步的传统理念，而是接受自给自足的稳态经济、较少的人口、可再生能源、更简朴的物质生活，以及能把所有的东西都回收再利用的生活方式。所有的政府政策都只追求一个目标：与自然环境保持一种低影响和可持续的关系。

1976 年，玛吉·皮尔西[1]在《时间边缘的女人》中，融合了生态乌托邦和女权主义乌托邦的元素。当主人公通过心灵感应到 2137 年旅行时，她原本期望看到"火箭飞船、高耸入平流层的摩天大楼、深达数英里的像鼹鼠一样生活的地下世界、覆盖一切的玻璃穹顶"。相反，她发现自己身处在一个 600 人的村子。村子看起来稀松平常，但男女完全平等，使用的技术不多但非常先进。村子从太阳能电池板和风车中获取电力，而且基本上能自给自足。皮尔西的主人公也简短地拜访了另一边的反乌托邦未来社会：一个污染严重并由警察管理的国家，技术成为压榨人民的武器，富人放弃了地球表面而选择去太空平台居住。故事的深层含义是想告诉人们，这两个社会都代表了未来可能的样子。

厄休拉·勒古恩[2]在 1985 年出版的《永远归家》（*Always Coming Home*）中，以学者在某地做人类学深入调研的方式，描述了生态乌托邦的未来。这部小说探讨了一个小村庄的生活与文

1　玛吉·皮尔西（Marge Piercy, 1936—　），美国进步活动家、作家。她的作品包括《时间边缘的女人》（*Woman on the Edge of Time*）、《他、她和它》（*He, She and It*），后者获得了 1993 年亚瑟·查理斯·克拉克奖（Arthur C. Clarke Award）。

2　厄休拉·勒古恩（Ursula K. Le Guin, 1929—2018），美国重要的科幻小说作家之一。她创作推理小说而闻名，最广为人知的作品是《地海》（*Earthsea*）系列奇幻小说。她的文学生涯跨越了近 60 年，创作了 20 多部小说和 100 多部短篇小说。

化。村民对人类目前的文明几乎没有任何记忆，而人类的文明很久以前，就在自己制造的世界末日中彻底崩溃了。书中的第一部分由一个凯什人（Kesh）叙述，但第二部分的展现形式是，一个外来的科学研究员，在实地观察调研，编写了一份当地的人种学考察报告。这种形式能让勒古恩从独特的深度视角，展开她虚构的文化故事。她可以展现凯什人的语言、传说、宗教仪式、音乐、诗歌、食谱等。书中呈现的画面是一个合作的社会，人们不会从自然界获取超过其基本需求的东西。经济由狩猎、采集、耕作和小规模产业组成，人们社会道德准则造成出生率很低。勒古恩把凯什人与附近的康德人（Condor）进行了对比。康德人是更加城市化、技术化、划分阶级、更具竞争性，也更好战的民族。在此书的结尾，康德人成功地把自己摧毁了。

与这些早期作品一样，金·斯坦利·罗宾逊在其 1990 年出版的《太平洋边缘》（*Pacific Edge*）中，把虚构的生态乌托邦社会建立在人类价值观彻底改变的基础上。2026—2050 年，美国社会缩减了公司规模，把资源国有化并限制社会发展。一个绿色政党成为政治中一支强大且受人尊敬的力量。故事发生在大约 25 年之后的美国加利福尼亚州的奥兰治郡[1]。主人公忙于翻新改造现有的房屋，使其更加环保。然而，罗宾逊并没有天真地认为人类扩张的欲望会完全消失。故事中心最首要的矛盾，是关于主角家乡最后一片野生区域的开发计划。后来罗宾逊又给奥兰治郡创作了两

---

1 奥兰治郡（Orange County），位于美国加利福尼亚州南部，北邻洛杉矶郡，南邻圣地亚哥郡。因其历史上主要农作物是橘子而得名。

个番外篇，使得这一系列作品总共有三本。罗宾逊在番外篇中，给奥兰治郡设计了两种可能发生的未来。一个是被核战争摧毁的世界，另一个是城市里一片永不停止的无序扩张和无限发展的景象。

虽然这些作品大多具有广泛影响力，而且至今仍是乌托邦文学和科幻小说的经典之作，但是在《太平洋边缘》之后，很少出现完全想象出来的生态乌托邦小说。可能是因为环境理念逐渐被主流思想所吸收，所以削弱了社会中的激进主义。也许更重要的是因为迫在眉睫的气候变化，压倒了人们对未来的希望。世界各地的人早已感受到全球变暖的负面影响；政府仍然不能或不愿意减少排放；科学家警告说现在要想避免产生灾难性后果为时已晚。因此，大家越来越难想象人类真的可以实现自己塑造未来，因为未来似乎已经写好了结局。绿色乌托邦思想并没有完全消失。但是，借用社会学家丽莎·加福斯[1]的话说，这种绿色乌托邦思想变得"不再是直白明了又孔武有力，更多的是描述逃亡与消逝，而且经常束缚于计算损失并表示哀悼"。

可持续发展

因 20 世纪 80 年代末的生态乌托邦愿景已不再具有吸引力，围绕"可持续发展"的概念产生了一个看似全新的未来环境愿景。

1　丽莎·加福斯（Lisa Garforth, ? — ），英国社会学家，现任英国纽卡斯尔大学社会学系高级讲师。

这个经常被人引用的概念，源于联合国世界环境与发展委员会[1]的一份极具影响力的报告。该报告发表于 1987 年，题为《我们共同的未来》。报告中把可持续发展定义为，"既能满足当代人需求，又不损害后代人生存能力，并能满足后代需求的发展模式"。该报告接受经济增长的观点，并绕开了关于环境极限性的辩论，使可持续发展的概念获得了社会的广泛关注，并为环境问题的国际对话提供了一个新的框架。

虽然可持续性理念已经应用到农业、资源开采等各个领域，但它对未来愿景的主要贡献是提出建立"可持续的城市"。其中一个原因是，世界上生活在城市地区的人口比例不断增加。2008 年是人类历史上第一次出现城市居住人口大于非城市居住人口。人口学家预测，到 2050 年世界人口的 75% 将会是城市人口。第二个原因是，城市主义者开始抵制传统观念，即城市是大多数环境问题的来源。他们转而开始论证城市化发展的优势。城市主义者指出，一个城市的居民比一个农村的居民消耗更少的水、能源和生活空间，也产生更少的垃圾。当然，长期以来，城市在未来设想中也占据了重要位置。但是，这种思想的转变，说明当城市按照更加可持续发展的路线进行重新规划之后，城市的未来也可以

---

1 联合国世界环境与发展委员会（United Nations World Commission on Environment and Development），成立于 1983 年，又称布伦特兰委员会（The Brundtland Commission）。该委员会是联合国下属的一个组织，旨在联合各国追求可持续发展。该组织在出版了《我们共同的未来》（*Our Common Future*）后，于 1987 年正式解散。《我们共同的未来》普及了"可持续发展"一词，并在 1991 年获得了格劳梅耶奖（Grawemeyer Award）。1988 年成立的我们共同的未来中心（The Center for Our Common Future）取代了原布伦特兰委员会。

是一个承担更多环境保护责任的未来。

建筑师、城市规划师和技术专家，在创造未来更受欢迎的可持续城市形象方面发挥了主导作用。城市能源来自风力涡轮机、屋顶太阳能电池板，或者覆盖在建筑物南侧的光伏板；交通工具主要集中在使用纯电轻轨和自行车，而不是汽车；人们从不远的本地农场，把食物运输到城里，或者在城市里种植食物；人们可以在屋顶花园种植，也可以在比周围城市建筑更高的多层垂直农场种植，这样可以让植物充分吸收阳光；水和废品将被严格管理并回收再利用……总的来说，通过流行文化传播的可持续发展的城市形象，是一个居住更加密集，也更多绿色的地方，而且人们使用先进技术更有效地管理环境的投入和产出。这些未来城市经常被描绘成拥有大量绿色植被，同时高度现代化且科技高度发达的样子。

在 21 世纪初的 20 年，围绕可持续发展原则设计的新城市建设规划，引起了公众的极大关注。旧金山市[1]成立了一个公共机关重新开发金银岛[2]。该岛是海湾中的一块人工陆地，也被视为环境承担人类增长需求的一个例子。在英国乡村，一个地产开发财团

1　旧金山市（San Francisco），位于美国加利福尼亚州中部沿海的重要经济城市。

2　金银岛（Treasure Island），旧金山湾的一个人工岛。为 1939 年金门国际博览会（Golden Gate International Exposition）而建，岛上的世界博览会遗址是加州历史地标（California Historical Landmark）。岛内的建筑已被列入美国国家历史遗迹名录（National Register of Historic Places）。

开始建造新的生态友好城镇谢尔福德[1]。阿拉伯联合酋长国也着力建造马斯达尔城[2]，该城也是一个清洁技术研发中心，人们可以利用风塔和紧密相连的建筑冷却沙漠中的热空气。中国也宣布建设一系列可持续发展城市的计划。其中第一个计划是在上海附近的岛屿上建立东滩[3]生态城项目。这些新城市的设计者和建设者，通常把这些城市规划看成是实验项目。实验是为了探索更多保持环境可持续性的人类居住方式。

然而，在实践中，可持续发展城市和一般意义上的可持续发展，并不像看起来的那么新颖且具有变革性。有些人认为环境极限性是可持续发展的重要组成部分。在这些人心中可持续发展的明日愿景，的确是摆脱了增长模式的束缚。但是，现实情况是，在那些制定世界经济议程的政策制定者和商业领袖手中，可持续发展只是提供了一种更绿色的增长方式而已。那些所谓生态实用主义者，比如史蒂芬·平克[4]，他们的真实看法也不过如此。即使是目

---

1 谢尔福德（Shelford），英国德文郡（Devon）正在建设的一个新城镇。部分开发用地位于普利茅斯（Plymouth）内，其余与南汉姆斯（South Hams）地区相连。该地块于 2007 年开始建设，首批 300 套住宅于 2009 年建成。

2 马斯达尔城（Masdar City），位于阿拉伯联合酋长国阿布扎比附近的一座新城。由英国福斯特建筑事务所（Foster + Partners）总体设计。这座新城将完全采用太阳能等可再生能源。城市交通全部采用电动汽车。该城预计将是全球首个完全由可再生能源提供动力的"零碳排""零废弃""零辐射"的城市。该项目原预计 2016 年完工，但因金融海啸，现已延期至 2025 年完工。

3 东滩（Dongtan），位于上海崇明岛最东端，设有上海崇明东滩鸟类国家级自然保护区。2010 年与英国合作，计划将该地区开发为全球首个可持续发展生态城市。根据 2014 年《南方周末》报道，现东滩生态项目已告失败。

4 史蒂芬·平克（Steven Pinker, 1954— ），加拿大裔美国认知心理学家、心理语言学家、科普作家、公共知识分子，也是进化心理学和心智计算理论的倡导者。

前正在建设的新可持续发展城市里，人们的社会实践、文化信仰、经济体系、政治结构和消费者的生活方式都基本保持不变。在这些新城市中，增长和扩张依然在高速进行中，由此产生的未来看起来与现在几乎别无二致，只是环境的运行效率更高了。虽然我们可以说可持续发展运动已经取得了许多成功，但是政府、企业和广大公众所接纳的可持续发展未来愿景，也只是乌托邦发展型叙事故事的一个最新的表现形式而已。

而现实情况是，工业化世界的两个最有影响力的明日愿景，都没有给未来的行动规划乃至希望提供多少新的灵感。其中一个明日愿景是灾难型叙事故事，故事里的生态灾难是由增长引起的。这种灾难具有不可避免性，与早期格兰维尔对世界末日的看法不相上下，而且这种灾难现在已经发生。从灾难幸存下来的任何社会群体，可能退回到原始状态，或者形成一个以技术压迫人民的反乌托邦社会。无论哪种情况，社会都将在一个被毁坏的世界中挣扎着维持下去。另一个明日愿景是有关于发展型叙事故事，但其结果也是大同小异，让人无可奈何。人类会继续扩张，然后竭力调整现有的社会经济体系，使其稍微能可持续一些。同时，人们要认识到人类活动会继续把地球糟蹋得不利于生存。这两种愿景都是关于增长及其后果的故事，因为创作者似乎都无法想象一个没有增长的世界。然而，这两种愿景，都是对一种或另一种灾难的设想，都没有为任何人提供真正的未来。

·尾声·

改变梦想

如果我们不以史为鉴，就会被迫重温历史。事实就是如此。但是，如果我们不改变未来，我们就只能忍受一切——而这可能会更糟。

——阿尔文·托夫勒

《未来主义者》（*The Futurists*），1972

本书并不试图预测哪一种设想的未来是最有可能发生的。虽然历史学家能从实用性的角度告诉人们历史是如何发展的，但他们还是极不愿意预测未来，因为他们往往会和其他人一样预测错误。然而，偶尔也会有一些历史系的学生能说出一针见血的看法。威廉·卡顿[1]在 20 世纪 70 年代曾发出警告：西方以增长为导向的文化，正在超越地球的环境承载力，人类将不得不减少对自然界

1　威廉·卡顿（William Catton, 1926—2015），美国社会学家，他因对环境社会学和人类生态学的研究而闻名。他的主要作品是《超越：革命性变化的生态学基础》（*Overshoot: The Ecological Basis of Revolutionary Change*）。

的统治。他预测说："由此带来的革命性变化，会导致我们将面对难以抵御的诱惑，然后不惜一切代价来延长和扩大我们的统治地位。而且，我们会看到，人类为此要付出的巨大代价。我们可能会因此付出更大的代价，最后把情况变得越来越糟。"

在贯穿本书的几百条预言中，这条预言最能击中要害，因为它直截了当地反映了当前的情况。自卡顿写下这些话以来，人类不仅没有采取行动遏制自己的扩张，以缓解对全球生态系统的压力，反而变本加厉地追求增长。人类在随后的几十年里还否认环境存在极限性，又攻击气候变化的科学共识。用卡顿的话说，推迟行动使情况变得越来越糟，甚至可能使我们的预测能力变得停滞愚钝。科幻作家厄休拉·勒古恩写道："似乎乌托邦式的想象力被困住了，就像资本主义、工业化和人类人口一样，都被困在一个别无选择、只有增长的未来趋势里。"现在的世界已经陷在这个旋涡里太久了，所以人们很难想象有别的选择存在。

世界上日益严重的环境危机所带来的风险，甚至比大多数人意识到的还要高。众所周知，如果大气层彻底变暖，人类的生活将会变得异常艰难，许多其他形式的生命也不可能生存下去。但是，此时也存在另一种风险：如果世界的工业基础崩溃，或者工业化世界丢失了技术知识的关键部分，文明将不可能再次攀登工业发展的阶梯，因为所有极易获取的资源都已消失殆尽。如果地球剩余的煤、石油、铜、锌和其他基础矿物的矿藏储量太低，一个技术不太先进的社会群体很可能没有足够能力开采使用这些资源。奥拉夫·斯塔普雷顿在20世纪20年代早已意识到了这点。当时他写的《最后与最初的人》就把崩溃后的人类群体描绘成"生活在一个已经被人使用过的星球上，任何发展都受到阻碍"。20世纪50年代，哈里森·布朗在美国加州理工学院的团队也得出了同样的结论。这种未来的可能性在今天却很少被人提及，但它依旧是一个非常真实的人类生存风险点。人类很可能只有一次机会建立科技高度发达的文明，而现在就是关键时期。

幸运的是，这个世界有许多可选择的未来，而不是被困在一直不断恶化的现在，或者只能迎接看似不可避免的世界末日。早在1956年，在首次为评估人类对地球的影响而召开的跨学科会议中，城市学家刘易斯·芒福德就强调了人类所面临的千变万化的未来。他说："假设未来文明只剩下一种可能性，那么这种可能性就是我们现下占主导地位的技术文明。这种唯一的可能性是一种宗教信仰的行为。这种信仰也是那些相信技术文明的人所犯的错误。从任何意义上讲，这种技术文明的信仰都不是一个客观科学的判断。"他认为，新理念不会来自科技，而是来源于艺术、人文、宗教和伦理思想。芒福德相信，在地球资源和人类生命存在极限的条件下，有多少种可能实现的未来，就有多少种理念、价值体系、目标和计划，以及为了实现这些内容而建立的不同的社会、政治、教育和宗教组织。换句话说，人类根本不需要盯着一个没有未来的"未来"。

但是，在解决全球环境问题方面，人类不会取得真正的进展，除非人们能像阿丘阿尔人所要求的那样：改变现代世界的梦想，其核心是人类秉持着一个矛盾的未来期待，即在一个有限的星球上追求无限的扩张。这种期待曾经拥有强大的社会推动力，它甚至强大到几个世纪以来，让发展型和灾难型的故事几乎都成为现实。增长给人们提供了前所未有的富足，以及由技术驱动的生活方式——至少对世界上最富有的居民来说是这样。同时，增长也把环境浩劫带到了家门口。这种情况对每个人都一视同仁。增长的梦想现在已经从西方蔓延到世界其他地区，也成为大多数人的共同期待。其主导地位使得人们很难想象，还有一条道路能通往更值得拥有的未来世界。但是，现如今的我们，却被困在大多数人不想要的未来愿景中。我们所有的梦想似乎都变成了噩梦，而我们却执拗地不肯从中醒来。

强行改变现有的以增长为导向的愿景是不可能的，因为人们目前无法建立一个与自然和谐相处的健康关系。至少只要人类依然被困在脚下唯一的行星时，就难以发生任何改变。例如，无论是发展型还是灾难型的叙事故事，都没有为动物提供享受野生环境的空间。动物最好的结局是永远待在动物园里，最坏的结局是彻底灭绝。这就是为何今天的动物保护主义者活动家仍然要据理力争，他们要拯救的动物种群是具有实用价值的：他们总是在和一个假定做斗争，即整个自然界必须为人类的进一步扩张腾出更多空间。以无限增长为前提的叙事故事，也不包括人类日常可接触的自然环境空间。历史学家罗莎琳德·威廉姆斯[1]指出："未来的人类可以居住在自然环境中，似乎是难以想象的。这当然不是指原始环境，而是指住在一个有多种生活体验的环境，比如可以看到星空、采摘浆果、在没有垃圾的小溪边散步等。只有在由外

---

[1] 罗莎琳德·威廉姆斯（Rosalind Williams, 1944—），美国历史学家，美国麻省理工学院历史学荣誉教授。

部力量引起末日浩劫，使得我们改变发展方向时，这样的环境才是可以想象的。"具有如此明显缺陷的未来愿景，对人类开创宜居未来，只有糟糕的指导作用。

现代世界也没有能力随意制造一些新的未来愿景，因为人类群体的未来愿景不可能被刻意设计出来。如果把人类愿景比喻成一块布，我们不可能从一整块布上剪下一小块，再把这一小块愿景推销给消费者。至少目前看来，没有一个现实中的未来愿景能被大多数人接受。其实，未来愿景是通过一个更加有机的过程发展成型的，它源于社会的群体记忆，也建立在人类对过去的共同理解和人类共同的价值观上。这并不是指，未来愿景的种子不能被人为种植在人们心中。19世纪的田园乌托邦和20世纪的生态乌托邦，在今天仍然是重要的灵感来源。这两种乌托邦促使了关于气候变化的新叙事故事的诞生，鼓励了人们展望未来的太阳朋克[1]社会。这些都有助于产生新问题、新理念和新观点，探讨人类如何与自然世界建立更健康的关系。这两种乌托邦也有能力改变人们的思想。但是，法国未来学家雅克·埃卢尔[2]认为：如果没有足够的群体共识做土壤，"个人自创的任何未来概念都不可能茁壮成长。没有人能拥有如此强大的力量，能让整个社会行动起来，还能赋予行动以意义和方向"。

1　太阳朋克（Solarpunk），21世纪初兴起的一种科学美学。这种新兴艺术构想了人类通过科技成功解决气候变化与污染的当代环境问题，并达成与自然永存的未来世界。

2　雅克·埃卢尔（Jacques Ellul, 1912—1994），法国哲学家、社会学家、非宗教神学家，也是一位著名的基督教无政府主义者。埃卢尔曾长期担任法国波尔多大学（University of Bordeaux）法律和经济学院的历史和制度社会学教授。他也是一位多产的作家，一生中写了60多本书和600多篇文章。

　　换句话说，要重新设想未来，首先需要重新回想过去，而且不能把人类历史的增长作为一种无条件的胜利庆祝。这才是真正的挑战，而且是一个巨大的挑战。西方最初认为扩张能带来很多好处。这种信念在当时的西方社会是人人坚信的，而现在这种信念在世界其他大部分地区却获得了神话般的地位。社会群体必须对过往历史有一个新的共同认识，但是现在全球化背景下的社会，各国在很多事情上都不能达成一致，只有当讨论如何实现更多增长的议题时除外。人们其实已经取得了一些进展：自20世纪70年代以来，根据科学家目前对生态极限性的了解，历史学家一直忙于重写世界的环境史。但是，即使历史学家可以重塑书面的历史，却无法重写社会的记忆，因为社会群体的记忆仍然紧紧依附在老旧的增长故事上，就像一个人抓住了一根救命稻草一样。

　　那些寻找解决途径的人，时常把世界的环境困局描绘成一种文化危机。这也是正确的。因为你问的人可能不同，但是他们的解决办法都需要人类转变自身的意识、世界观、精神、性格、观点或价值观，而这些转变都将彻底改变人类与自然的关系。但是，这种文化转型只能先重塑我们对昨天的理解，然后才能对明日的新愿景给予支持。人们也只有通过接受对历史的新解读，才能创造出关于未来的新故事。而这些新故事才是通往真正可持续文明的导航图。当然，我们不能指望这些关于明日的新愿景能自动解决我们的环境困局。但是，只有这些明日新愿景诞生了，我们才能设法解决环境困局。

鸣　谢

　　由衷感谢大卫·特罗扬斯基（David Troyansky）、克里斯蒂安·沃伦（Christian Warren）和克里斯托弗·威尔斯（Christopher Wells）帮我阅读整篇手稿。他们的意见极其宝贵，与出版社审稿人的意见一样重要。我的几个学生弗朗西斯科·马尼塔斯（Francisco Manitas）、埃里克·沃伦伯格（Erik Wallenberg）和史蒂芬·齐默尔（Stephen Zimmer）都对研究提供了帮助。布莱恩·霍里根（Brian Horrigan）和马特·诺瓦克也帮助我查找那些很难找到的图片，这对我来说是必不可少的。同时，还要感谢我在布鲁克林学院历史系的同事们，我无法想象有哪些教师学者，能比他们更加支持配合我。还有我《未来历史》课程的本科生们，他们为本书中的许多材料充当了测试对象。普林斯顿大学美国现代史研究会的成员也对引言的早期文稿提出了极具洞察力的意见。耶鲁大学出版社的阿迪娜·伯克（Adina Berk）、菲利普·金（Phillip King）和阿什利·拉戈（Ashley Lago），都在本书的撰写过程中付出了大量的精力，也提供了很多专业知识。

　　我的研究得益于伊瑟尔·沃尔夫（Ethyle R. Wolfe）研究所人

文学科奖学金、布鲁克林学院的人文与社会科学研究基金、纽约市立大学图书完成奖。同时，要感谢纽约市立大学专业人员协会科研奖项目的慷慨资助，该项目仍然是纽约市立大学学者重要的经费来源。

我也要由衷感谢我的妻子丽莎（Lisa），她阅读了整篇手稿，并在散文、图像和其他地方都提供了重要的建议，还要衷心感谢我的好朋友提比略（Tiberius）的不懈支持。

最后，感谢所有通过书籍、文章、艺术作品、电影和无数其他方式分享明日愿景的人，以及尝试把世界引向更好未来的人。我们永远无法看到未来几代人的生活方式，但是持续关注、关心未来人类的生活环境，是我认为对世界发展最有意义的行为之一。